LE SAVANT

PAR

LE PROF.ᴿ CHARLES RICHET

MEMBRE DE L'INSTITUT

A PARIS

Chez HACHETTE

LE SAVANT

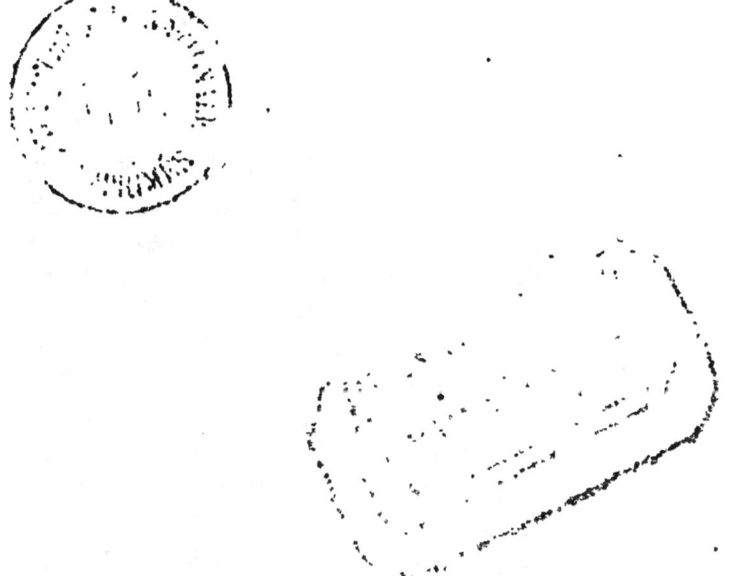

LES CARACTÈRES DE CE TEMPS

LE POLITIQUE, Par Louis Barthou, *de l'Académie Française.* — LE PAYSAN, Par Henry Bordeaux, *de l'Académie Française.* — LE PRÊTRE, Par l'Abbé Brémond, *de l'Académie Française.* — LE BOURGEOIS, Par Abel Hermant. — LE FINANCIER, Par R.-G. Lévy, *Membre de l'Institut.* — L'HOMME D'AFFAIRES, Par Louis Loucheur. — L'ÉCRIVAIN, Par Pierre Mille. — LE DIPLOMATE, Par Maurice Paléologue. — LE SAVANT, Par le Prof. Ch. Richet, *Membre de l'Institut.* — L'AVOCAT, Par Henri-Robert, *Ancien Bâtonnier.* — L'OUVRIER, Par Albert Thomas. Etc., etc.

LE SAVANT

PAR

LE PROF.ᵗ CHARLES RICHET

MEMBRE DE L'INSTITUT

A PARIS

Chez HACHETTE

AVANT-PROPOS

A l'apogée du grand siècle, La Bruyère décrivit à lui seul, en un seul livre, la société française tout entière.

Il hésiterait, à l'heure qu'il est, ou il échouerait.

Tout a changé tellement! Cette France de Louis XIV, disciplinée, relativement simple, elle est devenue si complexe! Vie politique et intellectuelle, sociale et religieuse, artistique, économique, vie civile et vie militaire, vie populaire et vie mondaine : que de transformations, de multiplicités, de nouveautés en tous ces domaines!

Et pourtant, au tournant de l'histoire où nous sommes, un inventaire s'impose, des organes neufs ou rejeunis de notre existence collective — un tableau des « conditions », comme disait Diderot, qui subsistent dans la brisure des anciens cadres, — une galerie des « Caractères de ce Temps ».

Désireux d'instituer cette enquête, — où ne manquera pas plus, croyons-nous, l'agrément que l'utilité, — nous avons divisé la besogne, et multiplié La Bruyère... Ce que sont les « types » essentiels où se résume et se personnifie la France d'aujourd'hui : — le Politique *et* le Financier : l'Ouvrier *et* le Savant; le Soldat *et* l'Homme d'Affaires; le Prêtre, le Magistrat, l'Avocat, l'Ecrivain, l'Artiste, le Diplomate, *etc.* — *ce qu'est la* Femme *aussi, mêlée, sans que toujours on l'y appelle, à toutes les formes de l'activité nationale, collaboratrice de toutes les forces qu'elle subit ou domine; — nous l'avons demandé à d'illustres penseurs, qui sont en même temps des acteurs de l'histoire en train. Acteurs assez mêlés au présent pour le connaître en ses dessous ; témoins assez indépendants et dégagés pour le juger... Qui sait même, — soit dit sans offenser la modestie de ces peintres de choix, — si le lecteur ne sera pas tenté de saluer en tel ou tel d'entre eux le représentant le plus complet du « Caractère » qu'il aura accepté de définir et de décrire ?*

Ce petit livre est dédié
à la mémoire d'un
grand savant, mon cher
et fidèle ami,
GASTON BONNIER.

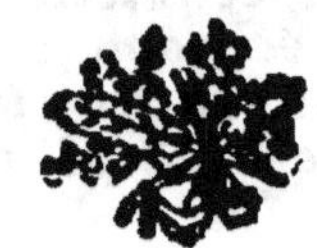

LE SAVANT

CHAPITRE PREMIER

QUI EST-CE, UN SAVANT ?

LA langue française indique avec précision la différence qui sépare un savant d'un homme savant.

Un homme peut être savant en astronomie. S'il a une autre profession que celle d'astronome, s'il est officier de marine, ou ingénieur hydrographe, il n'est pas un savant.

Les Anglais et les Allemands n'ont pas cette expression de *un savant*, propre à notre langue, de sorte que souvent ils sont forcés de nous emprunter ce terme : car *scientist* et *Gelehrter* ne répondent pas tout à fait à notre mot de *un savant*.

Il n'est qu'un seul métier compatible avec celui de savant : c'est le métier de professeur. Et, en effet, le savant ne peut pas vivre de sa seule science. Il mourrait de froid, de faim et de misère. Donc il lui faut un gagne-pain, et c'est le professorat qui le lui apporte.

C'est même là un vice redoutable de notre organisation sociale. Nulle part il n'y a place pour le savant, en tant que savant. Il faut qu'il se résigne à être aussi un professeur.

Je n'insiste pas ici sur cette dure nécessité. J'en parlerai à la fin de ce livre.

Il y a plusieurs sortes de savants. On est savant quand on étudie les palimpsestes, hiéroglyphes, langues hétéroclites, histoires anciennes. Mais écrire sur l'histoire moderne, et, à plus forte raison, sur l'histoire contemporaine, ce n'est presque plus faire de la science ; car, dans les affaires de notre temps, l' appréciation personnelle, qui n'a rien de scientifique, tient une place prépondérante. Préparer un ouvrage sur l'origine des Étrusques, c'est faire œuvre de savant. Mais on aura quelque peine à regarder comme un savant l'historien qui racontera les péripéties du traité de Versailles, ce qui est pourtant presque aussi difficile qu'une dissertation sur les signes laissés par les Étrusques.

Probablement, ce qui caractérise tous es savants, quels qu'ils soient, archivistes, mathématiciens, chimistes, astronomes, physiciens, c'est qu'ils ne travaillent pas pour aboutir par leurs travaux à une conclusion pratique. Ils ne mêlent pas l'application à la théorie. L'ingénieur qui dirige la construction d'un navire ou d'un pont, encore qu'il ait besoin d'être très versé dans les mathématiques, n'est pas un savant ;

car il n'a pas pour objet la poursuite d'une vérité inconnue. Il recherche un résultat pratique, matériel, immédiat. Le médecin qui étudie sur son malade la marche d'une maladie, le chirurgien qui médite une grave opération, ne sont pas des savants, puisque ils cherchent autre chose que la connaissance. Construire un navire, ou sauver un malade, c'est agir au lieu de penser.

Ce n'est pas du tout les diminuer que de dire aux ingénieurs et aux chirurgiens qu'ils ne sont pas des savants. Ils peuvent être très savants. Toutefois, comme ils ont un autre but que la découverte de la vérité, ils ne font pas métier de savants, mais d'ingénieurs ou de chirurgiens.

Ce sont nuances un peu délicates, mais, après mûre réflexion, on reconnaîtra la réalité de ces nuances.

D'ailleurs, qu'importe ? Les grandes inventions scientifiques ne sont pas nécessairement dues à des savants. Loin de là. Laënnec n'était pas un savant, et cependant il a découvert l'auscultation.

Parfois même il se trouve qu'un savant fait une importante découverte dans d'autres domaines que le sien. Pasteur était minéralogiste ; mais il a plus fait pour la médecine en vingt ans que les plus habiles médecins n'avaient pu faire en vingt siècles.

CHAPITRE II

VERTUS ET VICES DES SAVANTS

ON sera peut-être surpris si je dis que les savants sont de même farine que les communs mortels. Ni meilleurs, ni pires. Il en est de merveilleusement intelligents ; il en est quelques-uns d'assez bêtes. On en trouve qui sont avares ; d'autres qui sont prodigues. Les uns sont chastes ; les autres, débauchés ; les uns, violents ; les autres, pacifiques ; quelques-uns sont bavards ; d'autres, silencieux. Il y a les savants enjoués et les savants mélancoliques.

Il est donc presque impossible de leur assigner quelque caractère spécifique.

D'autant plus que les sciences diverses ont des disciplines très différentes, influant sur le mode d'existence des savants divers. Celui-là est plongé dans les mathématiques les plus abstraites, voire fumeuses. Tel autre est géologue, casse les pierres, et arpente les grandes routes. Le chimiste s'enferme dans son laboratoire, distille, pèse, fait cristalliser, filtre. Le physiologiste s'entoure d'animaux malodorants et criards, fait des dosages de sucre et d'azote, mesure des pressions artérielles et surveille l'alimentation de ses cobayes. Le botaniste court à travers champs et forêts pour recueillir des plantes, et, plus tard, l'œil fixé sur un microscope, cherche à pénétrer les mystères de la cellule. L'astronome s'acharne sur des colonnes et des pages de chiffres. Le paléographe s'obstine à déchiffrer des parchemins indéchiffrables.

La diversité de ces occupations et de ces préoccupations, si éloignées les unes des autres, empêche qu'on ne voie tout d'abord quel est le lien qui réunit ces hommes si divers. Pourtant, sans bien subtile analyse, on finit par découvrir qu'ils ont une marque commune, qui est très noble. Qu'ils soient jeunes ou vieux, français, américains, italiens, anglais ou allemands ; qu'ils soient éloquents ou diffus, riches ou pauvres, célibataires ou mariés, avides de louanges ou méprisant les critiques, tous ils ont, — à des degrés divers, — cette vertu rare et superbe qu'on appelle le désintéressement.

Non pas évidemment qu'on n'ait jamais vu de savants âpres au gain, assoiffés d'argent et d'honneurs. On en voit. On en verra. Ils sont hommes : par conséquent nul des défauts humains ne leur est étranger ; mais la cupidité et l'avidité sont énormément exceptionnelles chez eux.

Et puis, en dépit de leurs défauts et de leurs vices, les savants ont tous à peu près la même âme. Tous ils ont le culte de la vérité en soi. La science est pour eux une religion.

Si différents entre eux que peuvent être des catholiques fervents, ils sont animés d'une pensée commune : l'adoration de Jésus-Christ et la soumission à l'Église. Si différents entre eux que peuvent être des savants, ils sont animés d'une pensée commune: l'amour de la vérité cachée dans les choses. Ce n'est pas pour avoir des rentes, des décorations, ou une chaire dans une Université qu'un savant travaille pendant des jours, des mois, des années : c'est parce qu'il voit devant lui des problèmes à résoudre, dont la solution sera peut-être sublime. Il s'imagine que par son travail et par son talent il va découvrir ce que nul n'avait découvert encore ; un fait nouveau, une loi inattendue, une relation imprévue, un phénomène jusque-là encore incompris. Et cette espérance (si souvent trompeuse) le soutient et le protège.

De même que l'explorateur s'enfonce dans le continent noir sans avoir d'autre pensée que d'aller plus loin, de même le savant, grand ou petit, en face des mystères innombrables qui semblent barrer la route à l'intelligence humaine, n'a pas d'autre idée que d'avancer.

Donc les savants sont avant tout sans désir de lucre, consacrant toutes leurs énergies à la recherche de la vérité.

Et cela est beau ! Et cela les sépare des autres hommes, pour les mettre formidablement au-dessus des autres hommes.

Le désintéressement ! Au milieu de notre société vénale, c'est presque un miracle. Pourquoi un jeune homme de vingt ans dit-il : « *Je veux être un savant.* » Ne sait-il pas que jamais il n'atteindra toutes les joies que donne le luxe ? Son lot, même s'il réussit, ne sera qu'un chétif bien-être, presque le dénuement. Pour-

tant il a pris son parti ; il passera des examens difficiles ; il aura à triompher de compétiteurs habiles,
aussi méritants, aussi travailleurs que lui ; il travail-
lera obscurément dans un laboratoire obscur. Pauvre
il est entré dans la vie, pauvre il restera. Peu importe
il aime la science : il sera un savant.

Hélas ! ceux qui se résignent à la pauvreté du savant,
ce sont les pauvres. Je constate ce fait douloureux,
amèrement douloureux. Quand il est question d'une
carrière scientifique, les jeunes gens riches, les fils de
famille, disent : « C'est trop difficile. D'ailleurs ce n'est
pas assez payé ! » (*sic*). Ils ne consentent jamais — ou
presque jamais, car il y a d'admirables exceptions —
à faire en leur belle jeunesse le dur apprentissage du
savant. Ils aiment mieux être oisifs, jouer dans des
cercles, ou entrer dans une compagnie financière. Le
commerce, l'élevage, l'armée, la marine, la diploma-
tie, le barreau, la médecine, la politique, tout, plutôt
que la science ! La science ! Quelle horreur ! Ce n'est
pas un métier. C'est une folie ! presque une honte !
« Songez donc. Moi, le fils d'un richissime banquier ;
moi, le fils d'un gentilhomme grand propriétaire ;
regarder dans un microscope, peser des cristaux,
gratter des os, distiller des liquides nauséabonds, et
cela sans avoir d'autre espoir que de continuer cette
besogne toute ma vie, pour gagner enfin, si je passe
brillamment (au prix de quelles souffrances !) tous mes
examens, à toucher quinze mille francs par an !
Non ! il faut laisser ce métier fatigant et peu lucra-

tif aux pauvres diables qui sont sans protecteurs. »

Tel est l'état d'âme, au moins en France, des jeunes gens riches d'aujourd'hui. Je n'ai ni colère, ni indignation, mais grande pitié pour une bêtise si immense qu'elle fait tristement sourire.

Car c'est une bêtise colossale : un jeune homme très riche, pour peu qu'il soit laborieux et d'intelligence honnête, pourrait se donner le luxe d'être un savant, c'est-à-dire de mener une existence agréable, et par surcroît utile, et, par surcroît encore, glorieuse. Il aurait l'indépendance, la divine indépendance ; il vivrait dans l'espoir de faire une découverte : espoir qui est presque le bonheur. Et toute recherche lui serait relativement facile ; car il pourrait employer ses revenus à des œuvres scientifiques plutôt qu'à des cravates, des colliers de perles, des chevaux de course et des automobiles.

Mais les jeunes gens riches ont pour la science l'âme des potaches pour les pensums.

Les savants sont travailleurs. Il en est parfois de paresseux, et c'est assez rare. Peut-être quelques-uns, au déclin de leurs jours, ont-ils moins d'activité qu'aux beaux temps de leur aurore, mais en général la paresse, ce vice destructeur et fréquent, est exceptionnel chez les savants.

Pourtant l'ardeur au travail est très différente ; car il en est de la paresse comme de la mémoire. Il y a des mémoires et non une mémoire : mémoire de la musique, mémoire des chiffres, mémoire des vers, mémoire des figures, mémoire des localités, mémoire des événements, mémoire des raisonnements. Tel est admirablement doué d'une de ces mémoires, qui est désastreusement privé des autres.

Pour la paresse, il y a des différenciations analogues. Certains savants sont d'une extrême paresse à faire leur correspondance, ou à s'ennuyer dans une visite, qui gardent leur zèle pour une expérience nouvelle. Celui-là fait avec ardeur des recherches bibliographiques, qui ne se décide pas à recommencer un dosage. Parfois même on est paresseux pour certaines expériences, et laborieux pour d'autres. Autrement dit, il y a 'des spécialisations dans l'activité comme dans l'apathie.

Quelques savants, — et non des moindres, — sont très paresseux quand il s'agit d'écrire un article ou un livre. De vrai, ils ne sont nullement paresseux, puisqu'ils travaillent vigoureusement, presque passionnément, tout le jour. Mais prendre la plume, rédiger, classer, rectifier, corriger, c'est un trop lourd fardeau, et ils accumulent des faits inédits, parfois d'un réel intérêt, sans consentir au petit surcroît de travail qui consisterait à les ordonner et à les publier.

Le désintéressement et l'activité des savants comportent quelques exceptions. La foi en la science n'en a pas. Tous les savants croient à leur science et à la science en général.

Ils écriraient volontiers : « Science ». Confiance naïve et robuste que rien ne peut ébranler. Ils s'amusent quelquefois, *inter pocula*, — car tout arrive — à afficher quelque scepticisme ; mais ce soir-là ils ne sont pas sincères. Tous, tous, sans exception, sans une seule exception, ils croient à, la Science souveraine, qui, comme la grammaire de Martine, régente jusqu'aux rois, et les fait, la main haute, obéir à ses lois.

Ils ont des opinions politiques, certes, mais ils entrent rarement dans l'arène politique. Parfois même ils exercent leur verve caustique, — quand ils ont de la verve, ce qui n'est pas rare, — contre les collègues assez imprudents pour se fourvoyer dans les marécages électoraux.

Ils détestent et méprisent les prétendus articles scientifiques paraissant dans les journaux quotidiens, car notre pensée est si imparfaitement traduite, vantée ou critiquée à tort et à travers, dans les journaux du matin ou du soir, que, si nous la voulons voir exactement indiquée, il n'est pas d'autre moyen que de remettre au journaliste une note écrite. Le journaliste est enchanté, car c'est de la copie toute faite, et le savant a la douce satisfaction de retrouver sa pensée véritable, non altérée.

En thèse générale, les savants n'aiment ni les politiciens, ni les journalistes. C'est une aversion qui ne va pas sans une énorme méfiance.

Oserons-nous dire qu'ils ont tort ?

Toutes les opinions religieuses sont représentées. On trouve des catholiques, des juifs, des protestants, des libres penseurs. Mais il n'est jamais, dans aucun laboratoire, question de religion.

Au moins à Paris. On dit qu'en province il n'en va pas tout à fait de même, mais je l'ignore.

Les savants sont très indépendants de pensée, et c'est là encore une de leurs caractéristiques. Ils n'acceptent aucun joug. Les circulaires que les ministres leur envoient non seulement ne sont pas observées ; mais encore elles sont critiquées, raillées, déformées. Les savants sont, comme il convient à des Français et à des chercheurs, prodigieusement individualistes. On m'a assuré qu'en Allemagne, au contraire, ils étaient d'une docilité uniforme. Est-ce un éloge ? Est-ce une calomnie ? Et même est-ce vrai ? Très probablement, non !

A vrai dire, l'individualisme exagéré des savants français n'est pas sans quelque inconvénient, car cela leur interdit de se prêter à des groupements, à des associations. Ils n'aiment pas les démonstrations collectives, et se tiennent à l'écart de toute manifestation.

D'ailleurs, ils ne sont pas très rigides observateurs de tous leurs devoirs de professeur, examens, commissions, cours, séances de conseils. Ils retardent le plus qu'ils peuvent le moment où, après les vacances, recommence leur cours, et ils en avancent la fin, autant que la décence le permet.

Mais ne nous indignons pas. Car c'est affaire de professeur, et non de savant. Fâcheuse confusion entre ces deux fonctions si différentes. Il faut aux professeurs des hiérarchies, des programmes, des disciplines. Ils doivent suivre les traditions, obéir aux règlements, écouter les injonctions du doyen, du recteur, du ministre... Mais le savant n'a rien à faire avec tous ces gens-là. Laissez-lui sa fière et féconde indépendance. C'est une absurdité dangereuse que de reprocher l'indiscipline à un savant.

En général, ils sont d'une honnêteté absolue, supérieure à celle qu'on trouve dans les autres professions. Non seulement, ils ne recherchent pas l'argent, mais même ils en ont peur. Toute combinaison financière les effarouche. Rarement, ou à vrai dire jamais, ils ne s'enrichissent. En prenant la carrière de savant, ils ont accepté pour toute leur vie une existence modeste.

Si grande que soit leur honnêteté ès choses financières, elle est, si possible, plus grande encore ès matières scientifiques. Je ne connais pas un seul savant ayant l'odieux courage de falsifier une expérience. Même ils poussent la conscience si loin qu'ils recommencent leurs calculs, et refont leurs essais, pour être sûrs de ne pas s'être trompés. Leur probité scientifique est mise souvent à une rude épreuve ; car, si une première belle expérience a réussi, il est bien dur de reconnaître que la seconde a échoué. Or vraiment elle a échoué. Il faut l'avouer, et ils l'avouent. Ou du moins ils se taisent, sans faire état de la première expérience qui leur avait pourtant donné tant d'espoirs.

Je rappelle souvent à mes élèves l'histoire de Don Quichotte, qui, ayant construit un armet de carton et de bois, en veut éprouver la solidité. Hélas ! le pauvre armet vole en éclats, quand la bonne épée de Don Quichotte s'abat sur lui. Alors le Chevalier, sans se décourager, refait un nouvel armet plus solide. Il lève son épée... « Non, dit-il, je ne chargerai pas. Mon armet serait capable d'être brisé. » N'imitons pas Don Quichotte, et ne craignons pas de soumettre à deux, trois, six épreuves, et davantage peut-être, l'armet (théorie et expérience) que nous avons édifié.

Désintéressés, laborieux, loyaux, fiers, indépendants, voilà, n'est-il pas vrai, de bien beaux titres à notre admiration.

Ne mettrons-nous pas quelques ombres à ce tableau ? Hé oui ! Il y a des ombres. Elles ne sont pas bien noires. Pourtant, il faut avoir le courage de les présenter.

Et je dirai sans aucun détour que le savant est maladivement susceptible, tout autant qu'un violoniste ou un ténor.

S'il a écrit un traité de chimie, n'allez pas lui dire que dans son beau livre la chimie organique est admirablement exposée, mais que la chimie minérale a quelques toutes petites lacunes. Vous seriez perdu, et il ne vous le pardonnerait pas.

Il est attentif à tout ce qu'on dit de lui ; il se fait répéter les propos des élèves, des collègues. Le professeur X... a dit de lui un mot piquant, assez spirituel, à peine méchant. C'en est fait. X est transformé en un ennemi personnel.

A plus forte raison, si, au lieu d'être une parole imprudente, peut-être inexactement rapportée, il s'agit d'une critique imprimée, ou d'une observation peu bienveillante présentée au cours d'une discussion scientifique.

Un jour, il y a très longtemps, à la Société de Biologie, un collègue, critiquant une communication que je venais de faire, affirma qu'il ne croyait pas un seul mot de ce que je venais d'avancer.

« Mais, mes chers confrères, ai-je répondu, que M. S... y croie ou n'y croie pas, cela n'a pas la plus mince importance. Il s'agit de savoir si c'est exact ou inexact. » De fait, ce que j'avais dit s'est trouvé parfaitement exact. Mais S... ne m'a pas pardonné ma bien innocente riposte.

Jadis, il y avait des discussions à la Société de Biologie, à l'Académie de Médecine, à l'Académie des Sciences même. Aujourd'hui cette coutume a disparu. Et c'est dommage. Tout se borne à une présentation sèche de notes qu'on lira quelques jours plus tard dans les *Comptes rendus*. Les séances ne sont pas animées comme lorsqu'une contradiction flagrante met aux prises deux théories, deux opinions, et que pour soutenir l'une et l'autre il s'engage une joute oratoire.

Cette controverse est parfois instructive, féconde et attachante, car certains savants sont d'habiles orateurs.

Les savants ne sont pas seulement susceptibles : ils sont jaloux, car ils sont des hommes, et ne peuvent pas voir d'un regard satisfait les honneurs, les croix, les titres, les privilèges tomber, drus comme grêle, sur quelque collègue. Plus la science que cultive ce collègue est voisine de celle qu'ils professent, plus la jalousie est âpre. Un astronome ne sera pas attristé par les honneurs conférés à un botaniste, alors qu'il trouvera peu justifiés ceux qu'obtiendra un autre astronome.

En tout cas, dans une assemblée de professeurs et de savants, dès qu'un avantage budgétaire est attribué à un laboratoire quelconque, aussitôt tous les autres collègues réclament bruyamment. Je ne crois pas qu'on puisse me citer un exemple du contraire. On accorde trois mille francs de plus au laboratoire de Chimie minérale. Hé bien ! Et la Chimie organique ? Et la Physiologie ? Et la Botanique ? Et la Zoologie ? Et la Physique ! Et la Mécanique ? Et la Géologie ?

Cette jalouse revendication est, après tout, légitime. Le zoologiste pense qu'il a mission de défendre la Zoologie; le botaniste, la Botanique. Ils ont foi en leur science, et ne veulent pas qu'on la traite de quantité négligeable.

J'ai dit tout à l'heure qu'ils étaient désintéressés. Certes ! mais non pas pour les crédits alloués à leurs laboratoires. Là-dessus ils sont âpres, intraitab es, trouvant toujours ces crédits inférieurs aux besoins réels, demandant toujours au doyen, au recteur, au ministre, c'est-à-dire finalement au pauvre contribuable, des allocations supplémentaires. Ils ont raison. Ils se font une très juste idée des services que peut rendre leur science, et ils estiment à bon droit qu'on ne fera jamais assez pour elle. Ils ont raison. On ne peut plus progresser dans les sciences, sauf dans les mathématiques, qu'au prix de gros sacrifices pécuniaires. Tout appareil est coûteux, car, au fur et à mesure des progrès, les instruments se perfectionnent en se compliquant. Mais qu'importe ? Aucune dépense ne rapporterait plus de gloire et de profit à la patrie.

Susceptibles, ombrageux, jaloux, ils sont pourvus en général d'une dose de vanité qui n'est pas médiocre. Un d'eux, et non des moins illustres, nous disait un jour, en très naïve et charmante conviction : « *Ce qui m'a toujours fait du tort, c'est que je n'ai pas su apprécier la valeur de mon œuvre.* »

La modestie est un défaut dont les savants sont à peu près complètement dépourvus.

Et c'est fort heureux. Où en serions-nous si le savant se mettait à douter de son intelligence ? Sa timidité paralyserait tout progrès. Il faut qu'il ait foi non seulement dans *la* science, mais dans *sa* science. Il ne lui est pas permis de se croire infaillible, mais, quand il expérimente ou quand il raisonne, il doit avoir une intangible confiance en ses forces intellectuelles.

On a publié dans l'*Illustration* une admirable photographie de Chevreul, le célèbre chimiste mort à cent trois ans. Au-dessous il y a comme épigraphe : « *Malebranche a dit : tendre à l'infaillibilité, sans y prétendre. Je n'ai rien trouvé de mieux.* » Le fait est qu'il y a là un merveilleux programme.

Cette confiance, qui est le contraire de la modestie, reparaît dans la conversation des savants. Ils n'admettent guère qu'ils se trompent... et cependant...

A ce point de vue, comme à beaucoup d'autres, les savants ressemblent aux artistes ; et, en effet, ils sont des artistes aussi, à leur manière. Somme toute, idéalistes, quoique étudiant les mutations de la matière. Idéalistes, parce que, se libérant des soucis matériels de la vie, ils cherchent à découvrir, dans la matière même, les lois profondes, inexorables, sublimes, qui régissent l'univers. Les mystères de la matière ne sont pas moindres que ceux de l'esprit.

Ainsi souvent certains savants, malgré leur mérite, leur vertu, leur génie, ont des ridicules flagrants et commettent de graves erreurs. Mais, tout compte fait, les savants représentent ce qu'il y a de plus noble dans l'espèce humaine.

Ils ne sont pas des dieux, et il y a des trous à la cuirasse. Mais ils sont sans haine et sans avidité. Ils aiment le beau, le juste, le vrai. Ils savent que peut-être, grâce à eux, quelque lueur apparaîtra sur les crêtes de l'Océan ténébreux dans lequel l'humanité se débat, ahurie. Et tous les savants, tous, sans exception, ont ce magnifique espoir, pour les soutenir en leur dur labeur, qu'ils seront utiles à leurs frères humains.

Raillez les savants : c'est parfois justice. Mais prenez garde. Il y a derrière eux la Vérité ; la déesse, la souveraine, la toute-puissante, qui glace de terreur ceux qui raillent.

CHAPITRE III

DE QUELQUES CARACTÉRISTIQUES DES SAVANTS

LES savants de chaque pays ont des allures diffé-rentes. En Allemagne, en Scandinavie, en Hollande, en Russie, ils sont étroitement spécialisés, presque fossilisés, dans leurs travaux, de sorte qu'ils ont perdu à peu près le contact avec le monde extérieur. Ils sont inélégants, d'allures un peu gauches ; mais ils rachètent cette maladresse par la simplicité et l'affabilité de leurs manières.

Hélas ! le nationalisme féroce qui a égaré et conduit aux abîmes la nation allemande, a fait disparaître de l'Allemagne cette vieille *Gemüthlichkeit* qui avait quelque charme, de sorte que les savants allemands ont pris, m'a-t-on affirmé de toutes parts, les mœurs raides et cassantes des hobereaux prussiens. C'est dommage.

En Amérique et en Angleterre, les savants ne manquent certainement pas de simplicité et d'affabilité, mais, en outre, ils sont gens du monde, et peuvent faire figure dans un salon.

Il n'en est pas tout à fait ainsi en France et en Italie.

Jamais le *pli professionnel* n'a disparu. Il faudrait être bien médiocre observateur pour confondre des réunions de diplomates, des réunions d'officiers et des réunions de savants.

Leur conversation n'est pas très intéressante : sauf exception, bien entendu. Ils sont timides, et ne parlent avec animation que des questions par eux étudiées. Leur mise est décente, mais négligée ; car ils n'en ont cure. Ils ne posent jamais. Ils hésitent à formuler des conclusions précises. Le doute scientifique est une qualité de premier ordre, mais qui n'est pas faite pour mettre du piquant dans la controverse.

Et puis ils sont peu versés dans les menus faits du jour, médisances, *racontars*, anecdotes, et autres sottises dont s'alimente une conversation mondaine. Ils aiment les questions générales, alors que toutes questions générales inspirent grande terreur aux gens du monde. Souvent, ils sont distraits, inattentifs, muets ; ne retrouvant même pas quelque faconde quand on les fait parler sur l'objet de leur culte. Ils s'ennuient dans le monde, où ils sont aussi ennuyeux qu'ennuyés.

Mais il y a tant d'exceptions ! (1).

Leur logis est modeste, conforme à l'exiguité de leurs ressources. A Paris, ils demeurent presque toujours dans le quartier des Écoles, surtout aux V° et VI° arrondissements. Ils vont quelquefois jus-

(1) A toutes les affirmations que je me permets, on pourra trouver toujours maintes brillantes exceptions,

qu'aux VIIe et XIVe, mais rarement au delà (1).

Les savants aiment les livres ; mais ils sont rarement bibliophiles. Leur bibliothèque est un instrument de travail, rien de plus, mais un instrument qu'ils aiment et respectent. Souvent même ils en sont fiers ; car ils ont choisi les livres qui leur sont utiles, et ils sont enclins à en exagérer l'utilité.

Ils ont pour classer les mémoires, *tirés à part*, brochures innombrables qui leur sont adressées de partout, des classifications spéciales, parfois bizarres, connues d'eux seuls, et qui deviennent indéchiffrables après leur mort, de sorte que toute cette organisation disparaît avec eux. Peu importe, puisqu'elle leur aura servi.

Le désordre de leur bibliothèque est donc plus apparent que réel.

En général, ils aiment les collections complètes, qui s'alignent en longues files sur des rayons presque inaccessibles. Elles sont rarement consultées ; mais c'est un vif plaisir que de savoir qu'on les possède.

Les bibliothécaires des grandes bibliothèques pu-

(1) Voici une petite statistique pour les domiciles parisiens des savants qui sont membres de l'Institut :

Au Ve................................... 19
Au VIe.................................. 16
Au VIIe................................. 6
Au XIVe................................. 5

Il n'y en a que quatre dans les seize autres arrondissements de Paris.

bliques ont souvent fait cette curieuse remarque, paradoxale en apparence, que les plus grands emprunteurs de livres sont en général les savants dont la bibliothèque personnelle est le mieux fournie. C'est très explicable ; ceux qui n'ont pas de livres ne se soucient pas de la bibliographie.

Ce qui est assez singulier, et même assez triste, c'est qu'en général les savants n'ont adopté le noble métier de savant que par hasard. Les vocations ont été rares.

Ce n'est guère sur les bancs du lycée qu'on prend la résolution de faire de soi un savant. Car ce n'est pas un métier bien défini. Or, comme il faut un métier le jeune collégien se dit : « Je serai ingénieur, ou médecin, ou avocat, ou officier, ou professeur. » Bien rarement il dit : « Je serai un savant. »

Plus tard, si, dans le cours de ses études, il a senti quelque amour pour une des sciences qui se trouvent sur sa route, il s'y abandonne et s'y adonne. Le hasard aidant, plus que la volonté, il devient géologue, botaniste, chimiste, physiologiste ou mathématicien.

A vrai dire, pour la mathématique, la vocation apparaît de très bonne heure. Mais, parmi les jeunes gens très bien doués pour la mathématique, combien peu deviennent de grands savants !

CHAPITRE IV

LES FEMMES DES SAVANTS

IL s'agit des femmes légitimes ; car nous n'allons pas supposer qu'il y en a d'autres.

Elles sont très diverses ; celles de la France et celles des autres pays ; celles de Paris et celles de la province. Comme leurs maris, elles ne sont pas caractérisées par des signes quelconques.

En général, elles mènent une vie peu mondaine, exemplaire, s'occupant exclusivement de leur ménage, de leurs enfants. Elles n'ont pas d'histoire, ni d'histoires. Elles n'interviennent presque jamais dans les travaux de leur époux, et, si elles ne les ignorent pas, elles feignent de n'y rien comprendre, ce qui est le plus souvent très vrai.

Pourtant, au moment d'une candidature très combattue, elles sortent de leur coquille, et trouvent des arguments excellents, peu scientifiques, mais puissants, pour défendre le mari, déblatérer et fulminer contre le rival.

Qu'il y ait dans l'intimité conjugale de fréquents conflits entre la femme et le laboratoire, c'est possible ; c'est même probable. Mais on n'en sait pas grand chose, car le savant ne parle pas volontiers de sa femme.

J'ai souvent entendu ce dilemme irréprochable :

« On ne peut parler de sa femme qu'en bien ou en mal. Si c'est en bien, on est ridicule ; si c'est en mal, on est odieux. Mieux vaut n'en rien dire. »

De fait, c'est à peine si nous savons les uns et les autres que notre collègue est marié. Sa vie de famille ne nous intéresse pas. Il n'en va peut-être pas ainsi en province ; mais à Paris une cloison étanche sépare la vie familiale et la vie du laboratoire.

Avouons qu'il faut beaucoup de courage à une femme de savant ; car son rôle est négatif, ce qui est peu agréable. Son mari ne peut guère lui donner le luxe et l'éclat que d'autres professions apportent, et l'étude des sciences est devenue trop dure pour qu'une femme puisse avoir la grande joie intellectuelle de s'intéresser avec quelque compétence aux travaux qui occupent le compagnon de sa vie.

Les femmes de savants s'effacent devant les étudiants, mais beaucoup moins devant les étudiantes, car maintenant il n'est pas de professeur qui n'ait à son cours ou à son laboratoire des jeunes filles, ou des jeunes femmes. La malveillance de l'épouse envers ces dangereuses personnes n'est pas dissimulée, et, avec quelque raison d'ailleurs, elle surveille leurs agissements.

Quant aux amours des savants, mon spirituel ami M. de Fleury a écrit sous ce titre un livre ingénieux ; mais il s'agit plutôt d'étudiants en médecine, de carabins, que de savants. Et puis les amours dont il parle sont plutôt des fantaisies, très passagères, que de véritables amours.

Je serais tenté de croire que dans leurs amours, comme dans leurs ménages, les savants ressemblent fort aux autres hommes.

CHAPITRE V

LES VISITES ACADÉMIQUES

QUELQUEFOIS, sinon toujours, les savants ont des ambitions académiques. Alors, ils perdent le sens des réalités. Ils se laissent emporter par des craintes ou des espérances aussi médiocres que chimériques. Ils s'épuisent en fastidieuses visites, harcèlent leurs électeurs, se font recommander à tort et à travers, sollicitent l'appui que peut apporter « le bâtard de leur apothicaire ». Ils supputent les voix, en construisant des listes, et multiplient de fragiles pointages.

La science se voile la face ; mais, dans sa clémence, elle pardonne ces heures d'égarement à ses enfants, car elle sait que c'est une aberration passagère.

Les savants, quand ils sont ardents candidats à une chaire, sont plus excusables que quand il s'agit d'un fauteuil académique, car une chaire, c'est un laboratoire, c'est-à-dire un moyen de travail presque indispensable; un gagne-pain peut-être nécessaire, et un avenir assuré, tandis qu'un fauteuil académique, ce n'est guère qu'un titre.

En tout cas, si l'on veut être d'une Académie, il aut faire des visites académiques.

C'est un usage très ancien, et, quoique j'en aie pâti comme candidat et comme électeur, ce vieil usage tant raillé me parait parfaitement justifié. Avant de voter pour ce Monsieur qui veut entrer dans notre compagnie, il est tout naturel que je sache quels sont la courtoisie de son langage, la finesse de ses propos, la correction de sa tenue et même le timbre de sa voix. On ne juge pas sans avoir entendu l'avocat, et, dans une élection, chaque candidat est l'avocat de sa cause.

Si je faisais de la statistique, je raisonnerais ainsi ; il y a chaque année, dans une Faculté, une Académie, une École, à peu près 4 places à pourvoir, et pour chaque place 4 candidats. Si chaque candidat fait deux visites à chaque électeur, le total est à peu près de 2 000 visites à 2 kilomètres de distance, ce qui fait 4 000 kilomètres. Or il y a plusieurs Académies, plusieurs Facultés, et le Muséum, et le Collège de France, et l'École des Mines, et l'Institut Agronomique, et l'École Polytechnique. Tout compte fait, on ne sera pas loin de 30 000 kilomètres parcourus chaque année par les candidats.

Le contraste est singulier entre les divers logis dans lesquels on est introduit; tantôt un hôtel luxueux, presque un palais; tantôt un petit réduit, au haut d'un escalier sombre, presque une chambre d'étudiant. Parfois c'est un laboratoire. Souvent aussi, c'est un édifice public, la direction d'une École officielle, majestueuse, solennelle.

On est toujours bien reçu. Rien n'est plus faux que

cette légende d'après laquelle le candidat est forcé d'avaler des couleuvres. Il récolte plutôt trop de fleurs. L'électeur n'a pas oublié qu'il a dû, lui aussi, à son heure, tout comme le candidat qui s'assoit devant lui, subir cette formalité fatidique. Et ce souvenir le rend plein d'indulgence.

Voici à peu près le dialogue qui s'engage :

Le Candidat.

Vous m'excuserez, Monsieur le Professeur, de vous déranger au milieu de vos admirables études. Je viens vous faire ma visite de candidat. Je postule pour la chaire de Paléontologie du Collège de France.

L'Électeur.

En effet, nous avons perdu notre pauvre Ramponneau. C'était un homme éminent à tous égards. Mais parlons de vous. Je sais que vous avez à votre actif des travaux fort importants. A quel moment se fera l'élection ?

Le Candidat.

Cela dépendra de vous, plus que de moi, Monsieur le Professeur... Je me suis permis de vous apporter mon Exposé de titres.

L'Électeur, *feuilletant l'Exposé des titres.*

Merci. Je vois que vous travaillâtes beaucoup !

Je ne suis pas très compétent, car je m'occupe des langues orientales, mais je sais que la Paléontologie est une science fort belle.

LE CANDIDAT.

Est-ce que M. Simonide, votre collègue, mon maître, ne vous a pas parlé de moi ?

L'ÉLECTEUR.

Certes. Il m'a fait de vous le plus grand éloge, et l'opinion de M. Simonide pèsera d'un grand poids sur ma décision.

LE CANDIDAT.

Puis-je espérer que votre suffrage... ?

L'ÉLECTEUR.

Je ne peux rien vous promettre de formel ; il faudra attendre la discussion, la présentation. Mais ma sympathie pour vous est très grande. Quels sont vos compétiteurs ? Ont-ils des chances autant que vous ?

LE CANDIDAT.

A vrai dire, je ne le crois pas.

L'ÉLECTEUR.

Pourtant M. Lhuillier, votre rival, prétend qu'il a déjà 31 voix : or la majorité n'est que de 24.

Le Candidat, *tâchant de se remettre.*

M. Lhuillier se fait beaucoup d'illusions.

L'ÉLECTEUR.

Il a publié un gros livre sur les Arachnides du Crétacé supérieur. Il me l'a apporté hier. Le voici.

Le Candidat.

Oh ! je ne conteste pas son mérite. Mais puis-je vous rappeler que mon mémoire sur les Orthoptères du Lias, dont je vous apporterai un exemplaire, a été couronné par l'Académie. D'ailleurs, M. Lhuillier exagère en croyant que les Arachnides du Crétacé supérieur sont caractéristiques.

L'ÉLECTEUR.

Je serai heureux de recevoir votre livre..., mais Lhuillier est très protégé par Bourgues, mon collègue, professeur de langue hébraïque.

(*Ici* LE CANDIDAT, *visiblement attristé, se lève.*)

Monsieur le Professeur, je craindrais d'abuser de votre temps, qui est si précieux. Et je vous remercie de votre grande bienveillance.

L'ÉLECTEUR.

Elle n'est pas douteuse. Si vous êtes nommé, personne, plus que moi, n'applaudira à votre nomination. Votre place est toute désignée au Collège de France... Laissez-moi votre Exposé de titres... Je prétends le regarder de très près, le méditer, si barbare que je sois en paléontologie.

LE CANDIDAT, *ravi.*

Quoi ! vous daigneriez...

L'ÉLECTEUR.

Mais certainement... je ne veux me décider qu'en connaissance de cause...

LE CANDIDAT.

Oh ! Monsieur le Professeur, je n'en demande pas davantage, et je suis sûr que, si vous jugez d'après les titres...

L'ÉLECTEUR.

Au revoir, cher Monsieur, bientôt mon cher collègue. Au revoir, et bonne chance.

CHAPITRE VI

DES DIVERSES MANIÈRES D'ÊTRE UN SAVANT

IL est plusieurs sortes de savants : l'inventeur, le technicien, l'érudit, le professeur.

C'est la fusion harmonieuse de ces diverses modalités qui constitue le grand savant ; mais il n'est guère probable qu'elles soient toutes réunies en la même personne, de sorte qu'on pèche presque toujours soit par excès de l'une, soit par défaut des autres.

A. *L'invention.*

L'invention est la vertu maîtresse.

Avoir des idées que n'ont pas eues les autres hommes ; imaginer des rapports imprévus ; instituer une expérience nouvelle ; reprendre une expérience ancienne pour y découvrir des vertus inattendues, cela est presque divin ! Dans l'histoire des sciences, nul ne laisse de traces s'il n'a été un inventeur.

L'invention est la vertu maîtresse.

La puissance d'invention apparaît de très bonne heure : *le démon de la recherche* parle déjà chez les très jeunes gens. Il leur fait parfois proposer des choses absurdes, s'épuiser en tentatives stériles. Mais tout de même, pour être créateur plus tard, le grand savant a dû, dans sa jeunesse, concevoir des choses audacieuses, irréalisables, incohérentes. Plus tard, il s'assagira. Xénophon avait deux disciples : « L'un, disait-il, a besoin de frein, et l'autre d'éperon. » Pour moi, je préfère les élèves qui ont besoin de frein.

Le frein nécessaire à l'inventivité, c'est l'esprit critique. L'inventeur qui ne sait pas se critiquer sévèrement n'aboutira qu'à des inepties. Après tout, quand on énonce un fait nouveau, on est toujours sûr de rencontrer des objections, des contradictions. Alors ne vaut-il pas mieux faire soi-même cette critique, plutôt que de l'abandonner à des rivaux, des ennemis peut-être, des indifférents à coup sûr? Que l'inventeur soit amoureux de son expérience, c'est bien juste ; mais qu'il ne lui accorde son amour qu'à bon escient, après en avoir éprouvé la solidité.

En tout cas, il lui faut une grande persévérance, car trop souvent les inventeurs n'ont pas la ténacité qui convient. Ils ont tant d'idées qu'ils ne savent pas concentrer leurs efforts sur l'une d'elles. L'invention sans la persévérance ne mène pas bien loin.

Pasteur, Claude Bernard, Berthelot, Marey, qui furent de grands inventeurs, furent d'une obstination admirable.

Pasteur, après avoir étudié la fermentation des tartrates, s'attaqua à la fermentation lactique. Il s'entêta à prouver que les infiniment petits, qu'on n'appelait pas encore des microbes, jouaient un rôle prépondérant dans les actions chimiques, dans les fonctions vitales, dans les phénomènes pathologiques. C'est ainsi qu'il a pu construire le magnifique édifice de la médecine et de la chirurgie modernes.

Claude Bernard ne fut pas moins tenace. Tout jeune encore, il essayait des procédés exacts pour doser le sucre dans les humeurs (1843), et le dernier mémoire qu'il a écrit, mémoire qui ne fut publié qu'après sa mort, porte encore sur le dosage du sucre (1878).

Berthelot, après avoir institué les expériences fondamentales de la thermochimie, en a, pendant trente ans, et sans se lasser, poursuivi toutes les phases, perfectionné la technique, détaillé les applications.

Et Marey ! Marey, qui fut presque l'inventeur de la méthode graphique, lui est resté férocement fidèle jusqu'à son dernier souffle.

Ce n'est donc que par l'obstination, la ténacité, presque l'entêtement, que les inventeurs peuvent faire fructifier leur œuvre.

Pourtant cette ténacité ne doit pas être aveugle. Certains savants se sont parfois, pendant maintes années, stérilisés sur une médiocre invention qui n'avait pas de lendemain....

B. *La technique.*

Le *technicien* est aussi un inventeur, un inventeur de petites choses. Il s'intéresse aux détails d'un appareil plus qu'à une théorie. Il pousse jusqu'à la minutie l'étude des conditions rigoureuses d'une expérience. Il est ingénieux à imaginer des dispositifs nouveaux.

Et il est nécessaire d'être un technicien habile, persévérant, expérimenté. Lavoisier, le plus grand nom de toute science, fabriquait lui-même ses fourneaux, ses balances, ses thermomètres, ses calorimètres. Regnault était le type du technicien. Il se passionnait pour le millimètre de mercure. Je pourrais citer un physicien éminent qui a passé deux ans de sa vie à construire un appareil absolument étanche.

En général, une invention, pour produire tous ses fruits, exige une technique irréprochable, laborieusement obtenue. Mais il ne faut pas que le technicien se perde dans les détails, au point de considérer ses instruments autrement que comme des moyens. Le but de la science est la connaissance du phénomène. L'instrument, si parfait qu'il soit, n'est qu'un instrument.

Pour prendre un exemple concret, je suppose qu'un physiologiste, habile physicien, ait construit un calorimètre excellent, aussi précis que celui d'Atwater, mais plus maniable. Il n'aura fait, somme toute, que préparer ses expériences. C'est un préambule, une préface.

En effet, un calorimètre doit servir à des études de calorimétrie. S'il n'est pas mis en usage, à quoi bon ? Le grand physicien, dont je parlais tout à l'heure, qui, avec six élèves assidus, a consacré deux ans entiers à assurer l'étanchéité de ses récipients, s'est servi de ces appareils étanches pour faire la distillation des gaz liquéfiés, ce qui l'a conduit à des expériences ingénieuses et profondes. Son habileté technique a permis à son génie inventif de se développer.

C. *L'érudition.*

L'érudit ne fait d'expériences qu'après avoir lu à peu près tout ce qui est connu sur la question. Avant d'entreprendre un travail, il veut être au courant de tout ce qui a été écrit là-dessus en France ou à l'étranger. Il a trois bibliothèques : la sienne d'abord ; puis celle de sa Faculté, qu'il connaît par le menu ; enfin la Bibliothèque Nationale qu'il fréquente.

Cette extrême érudition paralyse un peu son initiative ; car, dans l'immense et confus trésor des documents scientifiques, il n'est guère de sujet qui n'ait été déjà abordé. L'inventeur s'expose, s'il n'est pas érudit, à refaire des expériences déjà mentionnées, et ensuite à constater avec regret qu'on avait, avant lui, trouvé depuis maintes années le très intéressant phénomène qu'il s'imaginait naïvement avoir découvert. C'est toujours assez douloureux, même quand on n'a rien publié encore. Mais c'est terrible, quand on a publié, comme nouveau, ce qui était déjà connu, et lorsqu'un collègue peu bienveillant exhume ce mémoire qui avait passé inaperçu.

L'érudit ne s'expose pas à ces tristes déconvenues. En revanche, pour être vraiment inventif, il sait trop bien tout ce qui a été imprimé déjà par d'autres.

Là encore il faut une juste proportion entre les qualités diverses du savant. S'il est doué de la faculté d'invention, il doit en outre être habile technicien, et savoir tant bien que mal ce qui a été dit avant lui sur la question. Peut-être conviendrait-il de ne jamais publier une expérience qu'après une étude approfondie de la bibliographie afférente, et de ne pas trop s'en encombrer avant l'expérience même... Mais je m'arrête, car les préceptes généraux ne servent à rien. C'est affaire de mesure, de tact, et nous n'avons pas de conseils à donner.

D. *L'enseignement.*

Le *professeur* se plaît à être entouré de ses élèves, à leur indiquer des travaux à faire ; il cause avec eux, leur fait partager ses idées, leur donne des conseils. Il est heureux quand il peut tracer le plan d'une recherche. Il passe volontiers des heures avec ses disciples pour leur inspirer des travaux qui lui sont aussi chers que les siens. Il fait école. Il aide techniquement et bibliographiquement les élèves de son laboratoire. Pour leur apporter une mince documentation, il n'hésitera pas à remuer sa bibliothèque de fond en comble.

Et puis il aime l'enseignement. Il consacre beaucoup de temps à la préparation de son cours. Il assiste aux travaux pratiques des commençants, et son plaisir est de montrer à d'apprentis chimistes comment on dose l'argent ou le chlore, et quelles sont les conditions d'une bonne analyse.

Ce n'est pas parce qu'on est très savant qu'on doit être indifférent aux efforts de ses élèves. Ludwig à Leipzig, Sainte-Claire-Deville, Würtz, à Paris, quoique créateurs et inventeurs, ont eu autour d'eux des disciples chéris, qui ont contribué pour une bonne part à grandir leur nom et à enrichir leur œuvre.

Quand le maître a réussi à former autour de lui un groupe de jeunes gens avides de science et de recherche, il s'établit bientôt entre tous une camaraderie charmante. *Un laboratoire, c'est un endroit où on travaille ensemble.* Heureuse définition.

Travailler ensemble ! mais c'est délicieux ! On est jeune, plein d'enthousiasme. On a toute la vigueur de la santé et toutes les espérances d'un optimisme que les soucis de la vie n'ont pas encore enténébré. Et alors, pendant qu'on travaille, on cause, on se critique, on s'intéresse avec plus ou moins de scepticisme aux efforts de ses camarades. On plaisante avec bienveillance les travers du maître ; on se raconte discrètement quelque aventure amoureuse. On démolit une théorie ancienne, démodée. On ridiculise une théorie nouvelle, imparfaite encore. Quelquefois on la porte aux nues. Et alors des discussions passionnées s'engagent. On n'ose pas parler de gloire....., c'est une déesse trop lointaine....., mais on espère que le travail entrepris va réussir. Ah ! le bon temps !

Longtemps, longtemps après, le savant, devenu vieux, chargé d'années et de titres, se rappellera avec reconnaissance ces heures d'autrefois, et il tâchera de grouper autour de lui, dans ce grand laboratoire que maintenant il dirige, des élèves dont il veut faire des amis, studieux, actifs, pleins d'enthousiasme et d'ardeur, qui lui rappelleront un cher et lointain passé.

En définitive, il faut que le savant soit d'abord et avant tout un inventeur, puis, s'il est possible, un critique, un technicien, un érudit et un professeur. S'il a toutes ces vertus, il est grand parmi les plus grands. Mais est-ce possible ?

Oui ! Puisque nous avons eu Claude Bernard et Pasteur.

S'il fallait d'un mot résumer leur manière, je dirais qu'ils ont mis autant d'audace dans l'hypothèse que de rigueur dans l'expérience.

C'est excellent ! c'est parfait ! c'est admirable ! Mais heureusement, ils avaient quelque chose de plus, qui a donné l'impulsion à leur génie et qui a fécondé leur œuvre. Ils avaient de l'enthousiasme.

Et j'avais tort tout à l'heure de dire que l'invention est la qualité maîtresse. La vertu essentielle, primordiale, sans laquelle rien ne se fait, c'est la foi en la science.

La science doit être pour le savant une religion. Toute découverte, grande ou petite, a cette foi pour origine. Pour prendre une expression banale, mais qui rendra bien ma pensée, il faut croire que *c'est arrivé*.

Jeune étudiant imberbe, qui commences à faire des dosages, des pesées, des mesures, et toi, vieux professeur à cheveux gris, dont le visage est ravagé par les rides, si vous besognez les mains molles, les yeux distraits, par devoir ou par habitude, par passe-temps ou par gagne-pain, vous n'aboutirez qu'à des résultats piteux, et votre labeur n'enfantera que des médiocrités. Si vous voulez que votre nom vive dans la mémoire des hommes, entrez dans votre laboratoire avec la foi ardente du néophyte qui court au martyre pour sacrifier sa vie à son Dieu.

CHAPITRE VII

UN PEU DE FANTAISIE

ICI je m'excuse véhémentement.

J'ai été très sérieux jusqu'à présent dans ces courtes pages destinées à faire aimer la science et les savants. Mais je vais cesser d'être sérieux en traçant quelques portraits très fantaisistes de savants qui n'ont jamais existé.

Il n'y a pas à chercher une clef à ces caractères, une réalité à ces fantasmagories. Ces portraits m'ont amusé, voilà tout. Je voudrais bien qu'ils amusassent aussi mon lecteur, si j'ai un lecteur. Mais à coup sûr, il ne se divertira pas à les lire autant que je me suis diverti à les écrire.

MÉLOTIME se plaint de tout. Or rien ne justifie sa plainte, car il occupe une place importante dans l'Université, et pourtant MÉLOTIME n'est que de mince mérite, puisqu'il n'a jamais pu trouver sur son chemin une idée nouvelle. Mais il crie partout qu'il est méconnu, persécuté, poursuivi par des hostilités latentes ou éclatantes. Il gémit sur tout. Son cabinet de travail est sombre et humide, et donne sur une cour qu'empestent tantôt les émanations de l'hydrogène sulfuré, tantôt les puanteurs des chenils. Il suffirait pourtant aux professeurs de chimie et de physiologie du dire un mot à leurs élèves ! mais non ! on le traite toujours comme un paria.

On est resté six mois avant de réparer une conduite d'eau. On ne lui a pas encore donné l'électricité. Est-ce possible, en 1923 ? D'ailleurs, c'est toujours lui qui est chargé des examens, des rapports, des commissions, des contrôles. On le désigne pour toutes les besognes les plus ingrates. Il n'a qu'un seul préparateur, et encore lui a-t-on presque imposé ce médiocre étudiant. Il est chevalier de la Légion d'honneur, parce qu'on n'a pas pu faire autrement, mais tous ses collègues ont un grade plus élevé..., et quels collègues ! C'est une pitié ! Et il a un sourire amer. Il harcèle les ministres successifs de sollicitations inassouvies, et, comme il n'obtient pas tout ce qu'il demande. « Voilà ce qu'on gagne, dit-il, à être indépendant. » Mais son indépendance se borne à être insupportable.

EUPHORMION est un savant. Personne n'en peut douter ; car il est professeur dans une Faculté, mais ce n'est pas la science qui domine et dirige son idéation. Avant tout, il est réactionnaire, et il est réactionnaire en tout. Il ne veut pas du progrès, car ce que le public appelle le progrès, n'est qu'une décadence. Il repousse toutes les inventions nouvelles sans les connaître, et il ne veut pas les connaître. Avant qu'on eût prouvé qu'on peut construire des machines volantes, il s'indignait que des hommes de bon sens pûssent croire au *plus lourd que l'air*, et maintenant encore il enregistre pieusement tous les accidents de l'aviation, car il ne sera jamais possible que cette absurdité ne soit pas constamment un instrument de mort. Il n'admet ni le stylographe, qui répand l'encre partout, ni la dactylographie qui ôte toute personnalité à l'écriture, ni les automobiles, coûteuses machines qui assassinent les passants. Les viandes frigorifiées sont nauséabondes et malsaines, et les divers laits concentrés, qu'on débite dans les plus sales épiceries, sont des poisons. Rien ne trouve grâce devant son universelle néophobie. C'est manquer au respect de ses auditeurs que de ne pas faire son cours en habit. Quant aux idées générales et généreuses que certains penseurs ont émises, elles sont pestilentielles. Une langue auxiliaire commune, c'est la plus infâme des monstruosités, et il faudrait mettre en prison les gens qui la proposent. Il ne veut pas entendre parler du téléphone. Le tunnel sous la Manche, quelle horreur ! Pour les choses de l'art, tout est bien pis encore. Depuis Rossini, il n'y a pas de bonne musique, et en fait de littérature, après Racine et Molière, il n'y a eu que du gâchis. Les folies des romanciers étrangers ont jeté le désarroi dans toutes les littératures.

SIMONIDE, en sa jeunesse, a passé plusieurs années dans des régions lointaines, dangereuses, inhospitalières, afin d'étudier les faunes marines de ces pays peu connus ; et maintenant il enseigne la zoologie dans une de nos grandes Facultés. Personne ne peut donc lui reprocher d'être poltron, et cependant il vit dans une crainte perpétuelle. Il a peur des journaux et des journalistes. Chaque fois qu'il publie quelques observations nouvelles, il tremble à l'idée qu'il va être critiqué sans bienveillance. A la suite d'une certaine enquête sur les laboratoires menée par un petit journaliste inconnu, SIMONIDE a été malade pendant plusieurs jours, parce que, dans une feuille de chou que personne ne lit, ce journaliste a traité SIMONIDE de farceur. A ses leçons, il regarde anxieusement dans la salle pour voir si quelqu'un de ces odieux folliculaires ne se dissimule pas parmi les étudiants. Heureusement, cette terreur ne paralyse pas son initiative, et il a émis des idées hardies, car il est novateur. Mais c'est un novateur effaré. Il ne sait pas, malgré toute sa science, que l'opinion de la foule est celle d'une gourgandine menée par une trentaine de malfaiteurs ignorants.

EPISTÉMON enseigne la botanique, et cet enseignement le passionne. Aussi chérit-il les élèves qui assistent à ses leçons. En revanche, il ne cache pas son aversion pour les absents. C'est pourquoi il aime à siéger le plus souvent possible dans les jurys d'examen afin de constater que les candidats ont été ses auditeurs. Certains dimanches d'été, il conduit des excursions botaniques, et, comme il a une mémoire excellente, il se remémore les figures de ceux qui viennent. Malheur à ceux qui, pour une cause quelconque, ont manqué! car, quand ils sont assis devant lui, à la table de l'examen, il les *colle* sans pitié, en leur posant, avec grande douceur, des questions insidieuses. Et, s'ils répondent mal, il n'a pas perdu sa journée. Les élèves n'ont pas trop peur d'EPISTÉMON, sachant qu'il suffit d'avoir assisté à ses leçons et à ses promenades botaniques pour être reçu à coup sûr. Ils ont, au contraire, grande frayeur de MARCELLUS, qui est très laid, et fut copieusement trompé par sa fringante femme, ce que MARCELLUS n'ignore pas. Aussi, quand, à l'examen, se présentent des étudiants qui n'ont pas trop vilaine tournure, a-t-il une joie amère d'abord à leur dire des choses désagréables, et ensuite à les *coller*.

De bonne heure, GILDAS entre silencieusement dans son laboratoire, mais il ne s'arrête pas aux vastes pièces qui précèdent son cabinet particulier. C'est dans cette petite salle obscure qu'il se retire pour tout le jour. Une fois qu'il est là, il ne veut pas être dérangé, et la consigne est de dire qu'il est absent. Il a cependant un jour de réception, tous les premiers jeudis de chaque mois, sauf pendant les vacances, entre dix heures et midi. Aux travaux que ses élèves ont entrepris, il ne s'intéresse nullement ; c'est à peine s'il connaît les noms de ses préparateurs. Il ne communique pas avec eux, et ne veut admettre aucun confident de sa recherche. Il publie de loin en loin quelque mémoire abondant en réticences, car à aucun prix il ne voudrait divulguer ses méthodes. Il est hanté par une constante terreur, c'est qu'on lui *chipe* ses idées. Il enferme son cahier d'expériences dans un tiroir à triple serrure, et il prend toutes dispositions pour que personne ne sache exactement ce qu'il fait. D'ailleurs, il a bien tort de craindre, car il faudrait être dénué de tout bon sens pour vouloir *chiper* une idée à GILDAS, qui n'en a point.

Ce qui distingue MÉNIPPE, c'est qu'il n'a pas de caractère distinctif. Il est tout le monde. Il fait d'honnêtes recherches, et, tous les trois ou quatre ans, publie un mémoire correct. Il a écrit un *Traité de chimie biologique*, qui répète, avec quelques additions non négligeables, ce que disaient les précédents traités. MÉNIPPE est assidu à son laboratoire, mais son assiduité ne va jamais jusques à venir avant deux heures et à demeurer après six heures. Avec ses élèves, avec ses collègues, il a les rapports les plus réguliers, sans que jamais une parole pittoresque, ou discourtoise, ou profonde, ou amicale, lui échappe. Sa vie privée est calme, discrète, peu connue. On sait qu'il est marié et qu'il a fils et fille. Voilà tout. Son cours est sans erreurs, ni omissions graves ; mais rien n'y est dit qui ne soit dans les ouvrages classiques. On ne peut pas prétendre que MÉNIPPE n'aime pas la science ; car il ne lit que des journaux de chimie biologique, et il est convenablement instruit dans toutes les parties de la science qu'il enseigne. Aux conseils de la Faculté, on l'écoute, car il est sage. En suivant ses avis, on ne se compromettra jamais : il est dans la moyenne, et dans le milieu de la moyenne. Aussi a-t-il toujours, sans heurt, atteint la première place.

ALCIDAS est dans les nuages. Il n'est cependant pas météorologiste, mais physicien. Tout de même il ne voit dans la physique que des lois mathématiques. Il a des formules pour tous les phénomènes, car il sait que Dieu est géomètre. La couleur, la viscosité, l'élasticité, la cohésion, la densité, l'électricité, l'affinité, le mouvement, sont propriétés et fonctions qu'on peut toujours mettre en intégrales. Dans la rue, ALCIDAS risque vingt fois par jour de se faire écraser, car, au lieu de regarder les automobiles qui arrivent comme des trombes, il pense à une équation nouvelle plus compliquée que les autres. Quand il tient une formule, il ne la lâche pas qu'il n'en ait extrait tout ce qu'elle contient, et il oublie, en la résolvant, le sens de ce qu'elle signifie et son adaptation à la réalité. Ainsi il est plus platonicien que Platon, car il vit et raisonne comme s'il n'y avait d'autres vérités que les abstractions.

ARCHIBALD est minéralogiste, et il s'intéresse aux évolutions de la lumière polarisée à travers les cristaux les plus singuliers. Même il a trouvé des moyens ingénieux pour faire cristalliser magnifiquement des corps jusque-là rebelles. Mais il a une autre passion, celle du jeu, que ce soit bridge ou poker. Qu'un ami vienne le chercher au laboratoire pour une partie, il abandonne soudain tous ses goniomètres. Il se dédouble.

Quand il fait sa partie de bridge, il pense au sesqui-
chlorure de lanthane et d'ytterbium qui va cristalliser là-bas sans lui ; et, quand il a l'œil sur son microscope, il rêve à des sans-atout formidables. Dans sa
vaste poche, la règle à calculs fraternise avec un jeu
de cartes, et il donne toute son âme à ces deux divinités
qui vivent en bonne intelligence.

Agathon est chimiste habile, assez avisé cependant
pour ne pas exagérer le mérite de ses travaux person-
nels. Il est sévère pour lui-même, certes, mais il est
plus sévère encore pour les autres. Sa verve caustique
s'exerce sans pitié sur tous les chimistes contemporains. Il met toute son application et son érudition à
découvrir les erreurs qu'ils ont commises, ce qui n'est
pas bien difficile, et surtout à déterrer les chercheurs
obscurs qui ont devancé dans leurs soi-disant inventions les maîtres illustres d'aujourd'hui. Il a ainsi
découvert que Philibert, son rival, n'est pas l'auteur
de la fameuse théorie de l'hexatomicité du chrome
(1896), car elle était déjà connue, cette théorie, comme
on peut le constater en se reportant à la page 322 du
Bulletin de l'Académie de Cracovie (1892). Quant à
Mégaphore, qu'honore d'un grand respect tout un
public ignorant, Agathon sourit avec amertume dès
qu'on en fait l'éloge. Car Mégaphore n'a rien inventé
On parle souvent de la polymérisation partielle,
qu'on lui attribue. Quelle erreur ! Mégaphore n'y
est pour rien, et une des grandes joies d'Agathon est

de citer certaine phrase, imprimée, il y a dix ans, par un jeune ingénieur bolivien, phrase mémorable qui enlève à Mégaphore tous droits à la priorité.

Eusthène serait irréprochable s'il avait assez de force d'âme pour résister au charme féminin. Ce n'est pas qu'il soit débauché ! Veuf, et père de deux charmantes filles qu'il adore, il mène une vie très rangée ; mais il attire dans son laboratoire les jeunes étudiantes, et il s'intéresse d'autant plus à leurs travaux qu'elles sont plus jolies. Pour des prétextes futiles, il les fait venir dans son cabinet, et il écoute avec émotion l'exposé de leurs expériences. Les plus naïves de ses élèves ne peuvent ignorer la faiblesse d'Eusthène ; car, dans ce cabinet du professeur, encombré de fioles et de microscopes, quoique rien d'inconvenant ne se passe, les deux chaises se sont rapprochées, et parfois les mains se frôlent.

Eusthène, qui n'est plus jeune, se rend compte qu'il est ridicule. Mais il est incorrigible. Vainement, un de ses collègues lui répète le conseil de Don Quichotte à Sancho Pança. « Si une jolie femme te demande justice, ferme les yeux en l'écoutant. » Jamais à l'examen Eusthène ne ferme les yeux, et son indulgence est sans limites, quand la candidate est gentillement émue.

Si Éphariste n'a pas beaucoup d'idées, en revanche il en a une qui est tenace, et à laquelle il subordonne tout. C'est que les Allemands ne sont presque pas des hommes. Lorsque leurs noms paraissent dans un ouvrage scientifique, c'est indûment, et parce qu'ils ont volé leurs prétendues découvertes aux savants français. Là-bas, il n'y a pas de savants, il n'y a que des pirates de la science. Quand ils écrivent, c'est tantôt un fatras incompréhensible, tantôt un larcin éhonté. On a le choix. Gauss, Kronecker, Helmholtz, Hertz, Röntgen, n'ont inventé quoi que ce soit. Car l'invention est contraire au génie allemand. D'ailleurs, la moralité des élèves et des professeurs d'outre-Rhin est encore au-dessous de leur capacité intellectuelle. C'est donc être un imbécile d'abord, et un mauvais Français ensuite, que de croire ces gens-là capables de quelque chose qui n'est pas misérable. Jamais, dans ses cours ou dans ses conférences, ÉPHARISTE ne prononce le nom d'un savant germanique. Même il a appris quelque peu la langue barbare de ces barbares pour recueillir les inepties qui se débitent de l'autre côté du grand fleuve ; et il en a facilement composé un dossier formidable, et authentique, qui s'enrichit chaque jour de monstruosités invraisemblables.

CALLIMÈNE est professeur d'histologie, et il a fait dans ce domaine des découvertes assez importantes. Son cours est suivi ; son laboratoire, fréquenté ; ses livres, lus par un public scientifique très suffisant. Mais CALLIMÈNE n'aime pas l'histologie. Il s'est pris d'un grand amour pour l'astronomie, encore qu'il ne comprenne rien aux mathématiques. Tout ce qui touche l'histoire du ciel le passionne. Il est

le correspondant assidu des sociétés Flammarion. Il
ne lit dans les *Comptes rendus de l'Académie des
Sciences* que ce qui porte la rubrique astronomie ;
il pâlit sur les chiffres et les équations. Les taches du
Soleil, les canaux de Mars, les queues des Comètes, les
apparitions d'étoiles nouvelles, tous ces phénomènes
lointains, sur lesquels il n'a que des notions primaires,
envahissent sa pensée, et il en vient à mépriser la
morphologie du foie chez les mollusques, et l'histogé-
nèse des globules rouges, qu'il a mission d'enseigner.

PHÉRÉCYNTHE n'a pas d'ambition. Il ne brigue
aucun titre: il n'est d'aucune Académie. Jeune encore,
il a abandonné le commerce des fourrures, qui le laissait très froid, pour se consacrer à l'histo-chimie de
certaine matière colorante rouge particulière à des
éponges méditerranéennes. Cette curieuse substance
est devenue l'objet de toute sa pénétrante attention.
Quoique un ami lui ait réservé une petite salle dans
un de nos grands laboratoires, il travaille plus souvent
chez lui que dans cette vaste maison. Comme il est
célibataire, il peut dans son étroit domicile se livrer
tout entier à sa passion pour le rouge des Subérites.
Avec un bon microscope, quelques tubes à essai et
une lampe à alcool, il peut filtrer, précipiter, redissoudre,
de manière à analyser les nuances diverses que prend
le rouge des subérites sous l'action des réactifs les plus
divers. Il est d'ailleurs d'une admirable probité scientifique et ne publie que ce qu'il a cent fois vérifié. Le

voici au déclin de la vie, et il a déjà donné quatre notes sur les subérites, à peu près une tous les dix ans. Mais il reconnaît qu'il n'est qu'au début de son étude.

PHOCIDION a de nombreux élèves, et c'est compréhensible, car il leur sacrifie tout, même la justice ; PHOCIDION, quand il est juge d'un concours, donne toujours le maximum à son élève, quelles que soient ses réponses, et il dénigre les épreuves du concurrent avec une âpreté et une partialité qui feraient scandale, si ce n'était, dans certains milieux, presque un usage. PHOCIDION n'a donc pas l'âme d'un savant, car l'âme d'un savant, même quand elle est pétrie d'orgueil, garde toujours un certain respect de l'équité.

NICIAS a l'esprit profond et curieux. Il connaît dans le détail tout ce qui a été écrit sur les sujets qu'il étudie. Travailleur infatigable, il ne se laisse rebuter par aucune difficulté. Sa critique est pénétrante, et sa perspicacité, incomparable. Il a le double don, parfois contradictoire, de la généralisation hardie, et de la scrupuleuse exactitude. Pourtant il n'a jamais fait que des travaux moyens dont la portée est médiocre. De l'aveu unanime, NICIAS est une des plus vastes et des plus sûres intelligences de ce siècle. Mais le hasard l'a mal servi, et il est supérieur à son œuvre.

ARAMIS a l'esprit borné d'un petit commerçant. Il travaille peu, sans goût, et il ne connaît que par bribes la science qu'il est chargé d'enseigner. C'est d'ailleurs un homme têtu, rebelle aux idées modernes qu'il n'a pas comprises, et qu'il ne veut pas comprendre. Pourtant, il a fait l'autre jour une grande découverte qui transforme une vieille théorie séculaire et régénère la science. Le hasard l'a bien servi, et il est inférieur à son œuvre.

RAYMOND a eu à la fois le sort de NICIAS et d'ARAMIS. Il a consacré trente ans de sa vie à des travaux qui ont abouti à peu de chose. Pourtant, toute son énergie, tout son talent, tout son espoir, s'y étaient concentrés. Entre temps, il s'est diverti à une autre recherche, qui lui a pris quelques semaines de travail, et qui rendra son nom immortel.

MÉONIUS, dans sa jeunesse, fut un grand travailleur et créa une œuvre très belle. Chaque année marquait une découverte. Aussi les honneurs légitimes sont-ils tombés sur lui comme une pluie bienfaisante. Mais, à cinquante ans, soudain il a pris en aversion les justes récompenses. Le dégoût des hommes l'a mené jusqu'au dégoût de la science. Il s'est enfui loin des Académies, des laboratoires et des disciples, dans une obscure retraite, où il savoure, en regardant pousser ses fleurs, le plaisir de n'avoir plus rien à donner, ni rien à demander aux humains et aux choses.

EURYLAS a fait il y a longtemps une intéressante étude sur les sons émis par certains papillons de nuit. Il a remarqué que ce bruit strident est produit par le frottement d'une patte contre une membrane tendue en tambour. Sa découverte est toute petite, mais réelle. Elle l'a cependant enchanté et absorbé au point qu'il lui consacre tous ses efforts et toute son admiration.

Elle est devenue le pivot central sur lequel tourne son existence. Depuis quarante ans qu'il médite ce phénomène, il l'a élargi, au point d'en faire une des bases de la zoologie et par conséquent de la Nature entière. La voix des papillons est le lien qui réunit les vertébrés aux invertébrés, et c'est par là qu'une des grandes énigmes de l'univers sera éclaircie. Il n'est pas de problème qu'on ne puisse, par un côté quelconque, rattacher à cette sonorité des papillons. C'est de la physique, puisqu'il s'agit de vibrations sonores. C'est aussi de la sociologie, puisque la reproduction des insectes malfaisants est liée à l'intégrité de leurs organes vocaux. A vrai dire, EURYLAS, qui se pique d'être psychologue, n'ignore pas qu'il a une marotte. Mais il ne s'en trouble guère, et, si vous venez le voir : « Tout le monde, dit-il, a sa marotte. Moi, j'ai la mienne. Il est vrai qu'elle est excusable par l'importance du sujet. » Et là-dessus il parle, il décrit sa découverte pour la millième fois, il se passionne, il s'enivre, il a oublié toute la psychologie des marottes.

ARISTÉE vend du charbon ; PHALANOR, des étoffes ; MATHIAS, des lampes ; POLYCTOR fait commerce de science. C'est un métier qu'il a pris et qui, somme toute, n'est pas plus pénible qu'un autre. Un épicier est laborieux et assidu à son épicerie. De même, POLYCTOR à son laboratoire. Il vaque chaque jour à ses devoirs de savant, et il étudie en toute conscience, par les méthodes classiques, un des problèmes scientifiques du jour. Il a exécuté ainsi des travaux honorables dont le nombre et la valeur suffisent pour lui donner quelque notoriété et une place dont il vit, petitement, mais suffisamment. Voilà tout ce que POLYCTOR demande à la science. A force d'économie, il a pu doter sa fille, et acquérir une petite villa aux environs de Paris. En attendant sa retraite, il se repose, et ne veut plus entendre parler d'un métier qu'il a toujours trouvé ennuyeux et inutile.

Le scepticisme de POLYCTOR me fait prendre en grand respect la naïveté d'EURYLAS.

EPHIDORE est un savant véritable, et de plus un excellent homme. Il a fait des découvertes intéressantes qui le mettent presque au premier rang. Tout lui a souri, les événements et les hommes, et rien ne paraît manquer à sa belle carrière. Pourtant EPHIDORE n'est pas heureux. Un souci le ronge ; c'est qu'on ne fait pas à EPHIDORE la place qui lui est due. Toute l'estime qu'on lui accorde est, en effet, très loin de celle qui lui paraît légitime, car ses découvertes, même les moindres, sont des révolutions qui ouvrent des avenirs illimités. On n'avait rien compris avant lui. Par lui, tout a été éclairci, et on le méconnaît cruellement quand on ne le met pas bien au-dessus du premier rang. Ce qui est plus triste encore, comme il l'avoue dans ses moments de franchise, c'est que lui-même ne se rend pas compte de toute la portée de son œuvre, et il se déclare impuissant à mesurer toute l'étendue de son génie.

CHAPITRE VIII

LES SAVANTS RÉELS

SI j'ai donné des portraits de fantaisie, ce n'est pas que, dans ma longue vie, je n'aie connu beaucoup de savants, et de grands savants, comme Marey, Berthelot, Claude Bernard. Pourtant, hélas ! je n'ai jamais été dans leur intimité. Pour des raisons diverses, peut-être parce que j'étais indépendant de caractère et de situation, je n'ai vraiment été l'élève, c'est-à-dire le familier, de personne. J'ai travaillé dans les laboratoires de Würtz, de Berthelot, de Marey, de Vulpian, mais ce fut au début de ma carrière, et à mon très grand regret il ne m'a pas été donné d'être leur collaborateur. Ils ne m'ont guère initié à leurs recherches, et ils ont encore moins connu les obscurs travaux de mon adolescence.

C'est Marey que j'ai vu le plus.

Ce fut un homme supérieur. Quand il vivait, on n'appréciait pas, comme il eût convenu, sa magnifique supériorité intellectuelle. Sa gloire grandit avec le temps.

Il a à son actif ces trois simples choses, la cinématographie, l'aviation, la méthode graphique. Voilà tout. On pensera peut-être que c'est assez.

Bien entendu, il n'a pas créé de toutes pièces ces grandes œuvres. Janssen avait photographié les phases du passage de Vénus sur le Soleil. Muybridge avait photographié les mouvements des chevaux. Mais Marey a perfectionné ces idées un peu frustes. Il a pu par son *fusil photographique* noter les phases du mouvement pour l'aile du pigeon, pour la course de l'homme, pour la bulle de savon qui crève, pour le chat qui tombe de grande hauteur. On sait ce que, grâce à Lumière, la cinématographie est devenue. Mais il s'agit ici de 1883. Il y a quarante ans, personne n'eût pu prévoir qu'il y aurait de par le monde, en 1923, mille fois plus de théâtres cinématographiques que de théâtres ordinaires.

Certes Marey n'a pas découvert l'aviation. Il n'a pas construit de machine volante. Il y a eu Cayley, Renard, Lilienthal, et surtout les frères Wright. Mais Marey a inspiré et dirigé V. Tatin. Un jour, il me dit : « Associez-vous avec Tatin; travaillez avec lui, car il est dans la bonne voie. » Et, en effet, Marey, seul, seul, absolument seul parmi les physiologistes, seul parmi les physiciens, seul parmi les mathématiciens, seul parmi les savants de tous pays, était persuadé de cette vérité qui nous paraît, à l'heure actuelle, d'une naïveté enfantine, ridicule, à savoir que l'oiseau ne vole que par des procédés naturels et simples, que par conséquent, les conditions de ce vol étant mécaniques, on peut réaliser le vol par des appareils mécaniques. De fait, avec Tatin nous fîmes d'abord des expériences dans la cour du Collège de France avec une machine à ailes battantes. Les résultats furent exécrables. Il fallut y renoncer et recourir à l'aéroplane. Alors nous construisîmes de 1892 à 1895 plusieurs aéroplanes (non montés), tout à fait identiques aux aéroplanes actuels, mus par la vapeur au lieu d'être mus par la détonation des gaz. Le principe de la machine était absolument le même que pour les machines d'aujourd'hui (1). Marey mourut sans avoir vu se réaliser son rêve.

Mais, quelque intérêt qu'il attachât à la cinématographie et à l'aviation, la pensée qui domina toute la vie de Marey, ce fut la méthode graphique. Il la retournait en tout sens, sans relâche, lui découvrant des horizons inattendus.

Il y fut sinon tout à fait initié, du moins encouragé par Donders, le grand physiologiste hollandais, dont il garda toujours un souvenir ému.

A partir du moment où il connut Donders, la méthode graphique fit désormais partie de l'individualité intellectuelle de Marey. Il en avait le fétichisme. « Quand un graphique est mauvais, disait-il, c'est que l'expérience est incertaine. » Personne n'a su mieux que lui prendre un graphique élégant, démonstratif. Il y savait découvrir des subtilités secrètes.

Aussi aimait-il à travailler seul. Sans se laisser distraire par quelque collaborateur maladroit, il s'enfer-

(1) Nous préparions une grande machine volante pouvant emporter un pilote, quand est survenue la découverte des Wright.

mait dans son atelier, pour *bibeloter*, comme il disait. Il avait commencé sa carrière dans un appartement privé. Plus tard, il continua dans le même isolement. Il fuyait les grandes salles du Collège de France, où l'on est troublé par des visiteurs de passage, des importuns, mal initiés à la méthode graphique.

Il ne se préoccupait guère de la bibliographie, et ne perdait pas son temps à fouiller dans les travaux d'autrui, car tout de suite, s'ils ne contenaient pas de graphique, il les dédaignait.

D'ailleurs, il jugeait avec la plus grande perspicacité les choses de la physiologie, et quoiqu'il ne fût pas très érudit en physiologie, il l'avait très profondément pénétrée.

Il n'était nullement ambitieux, et méprisait passablement les choses académiques. Quand il se présenta à l'Académie des Sciences, un des académiciens lui dit : « Vous vous présentez contre Paul Bert..., cela me suffit, je voterai pour vous. » Et, quoique ayant obtenu ce suffrage, Marey en était indigné.

Il détestait l'enseignement, les cours, les discours, les conférences. Il haïssait plus encore les phrases banales et les conversations oiseuses. Il ne prononçait jamais quelque parole emphatique. Son ironie était douce, bienveillante, un peu sceptique. Il cachait la bonté de son âme généreuse sous des dehors d'indifférence.

Il parlait avec émotion des grands amis de sa jeunesse, Lorain, Brouardel, Alphonse Milne Edwards.

Sensible aux belles œuvres de la littérature et de l'art, comme aux beautés de la nature, il aimait l'Italie et le ciel de Naples : et sa Villa de Pausilippe lui était chère.

Ce qui dominait chez ce grand savant, c'était la simplicité. Nul faste; nul orgueil; nulle vanité ; nul sentiment d'envie et de haine. Un grand beau fleuve, profond, très profond, qui suit paisiblement son cours et laisse sa trace fécondante partout où il passe.

Marcelin Berthelot fut un homme de prodigieux génie. Et, en effet, si puissante et forte que soit son œuvre, l'homme me paraît encore supérieur à l'œuvre. Pasteur, qui laisse une œuvre bien plus grande encore que celle de Berthelot, puisque c'est, sans contredit, la plus belle des œuvres humaines, ne peut pas être regardé comme supérieur en intelligence à Berthelot et à Claude Bernard.

Je n'ai guère connu Berthelot que lorsqu'il était déjà au faîte de la gloire, des honneurs et des occupations. Sénateur, secrétaire perpétuel de l'Académie des Sciences, membre de l'Académie Française, président du Conseil supérieur de l'Instruction publique, il n'avait alors que peu de temps à consacrer à son laboratoire. Il y venait en passant, trouvant toujours quelque ingénieuse modification à indiquer à ses élèves, à ses aides, qu'il faisait travailler vigoureusement, et presque impitoyablement. Jadis je m'en étonnais un peu, mais je crois bien qu'il avait raison.

Tous les domaines de toutes sciences lui étaient

familiers, et c'était alors, quand on causait avec lui, des aperçus généraux, des vues profondes, rehaussées par une érudition merveilleuse et une mémoire impeccable. On ne se lassait jamais. J'eus l'honneur d'être reçu chez lui plusieurs fois aux soirées du dimanche. C'était un charme de l'entendre. Madame Berthelot l'écoutait avec admiration et adoration. On sait à quel point ces deux belles destinées furent unies dans la vie comme dans la mort. Madame Berthelot mourut après une courte maladie. Lorsque M. Berthelot, malade, connut cette mort, il ne dit rien, mais demanda à rester seul. Il s'étendit sur un canapé, et, quand on revint, deux heures après, il était mort (1).

Je ne parle pas de Berthelot comme professeur. Plus encore que Marey, il détestait l'enseignement.

Au contraire, Würtz, son émule, avait la passion de l'enseignement : c'était un admirable professeur.

D'ailleurs, on ne saurait imaginer de contraste plus saisissant qu'entre ces deux grands chimistes. Würtz arrivait dans son laboratoire, bruyant, jovial, apos-

(1) Madame Berthelot, qui fut d'une beauté rare, était une femme de noble intelligence, de grâce exquise et de haute vertu. Un pauvre diable de poète raté, qui ne savait d'ailleurs pas faire les vers, famélique, piteux, laid, promenant avec orgueil son vieux chapeau ciré et ses bottines éculées, venait souvent me demander quelque aumône. « Je suis triste, me dit-il un jour, de vivre seul. Trouvez-moi donc une femme ». Et, comme j'hésitais, il ajouta : « Dans le genre de Madame Berthelot » !!

trophant les uns et les autres, n'inspirant pas plus de crainte qu'un bon camarade, tandis que Berthelot, froid, sévère, réfléchi, n'était abordé qu'avec quelque frayeur.

Ni l'un ni l'autre ne se sont contentés de faire des découvertes qui immortalisent leurs noms, et ils ont voulu être quelque chose dans l'État. Würtz a été doyen de la Faculté de Médecine, ce qui est une tâche lourde et déplaisante (1). Berthelot a été ministre de l'Instruction publique, et même ministre des Affaires étrangères.

Puisque je parle des savants qui m'ont, au temps lointain de ma jeunesse, accueilli dans leur laboratoire, e ne saurais oublier Vulpian. Mais je l'ai connu à peine. Si l'abord de Berthelot était froid, celui de Vulpian était plus froid encore. Il fut, comme Berthelot, secrétaire perpétuel de l'Académie des Sciences, et, comme Würtz, doyen de la Faculté de Médecine. Me sera-t-il permis de penser que ces hommes remarquables eussent mieux employé leur temps qu'à ces besognes où il faut une forte dose d'abnégation ?

Quand j'ai connu Vulpian, il était trop occupé pour

(1) Brouardel, qui fut longtemps doyen, et excellent doyen, disait qu'un doyen est aux prises avec les étudiants, le gouvernement et les collègues. «Avec les étudiants, me disait-il, je m'arrange toujours. Avec le gouvernement, c'est souvent bien difficile; mais enfin on s'en tire,.... tandis qu'avec les collègues...! ! »

consacrer beaucoup de temps à des travaux de laboratoire. Assez rarement je l'ai vu expérimenter. Il était méticuleux, minutieux, précis, comme les myopes, disait-il, son esprit critique était très développé, et même tellement aigu que l'invention en était paralysée. Ses cours étaient très savants, d'une grande érudition, d'une critique judicieuse. Ils étaient dignes d'être publiés, et ils le furent.

En somme, Vulpian, d'une rare intelligence, était bien supérieur à l'œuvre qu'il a laissée ; car il n'a fait que de petites découvertes de détail. Il méritait mieux, car aucun physiologiste, pour la sûreté du jugement et l'érudition, ne peut lui être comparé. Et on peut se demander alors s'il n'y a pas quelque contradiction entre l'esprit de critique et l'esprit d'invention.

Que d'autres noms je pourrais citer encore ! Que de faits ! Que d'anecdotes sur les uns et les autres ! En général, ces récits montreraient que l'âme des savants est naïve, généreuse, enthousiaste, de sorte qu'il faut leur pardonner quelques travers, qui ne diminuèrent ni leur génie, ni leur cœur.

Quand j'étais directeur de la *Revue Scientifique*, je résolus, avec mes excellents amis Gaston Tissandier, directeur de *la Nature*, et Max de Nansouty, directeur du *Génie civil*, de fonder une sorte de réunion périodique que nous appelâmes *Scientia*. C'étaient d'assez modestes banquets offerts tous les deux mois à un savant éminent.

Le premier savant à qui échut cette présidence d'honneur, fut le doyen d'âge Chevreul (il avait alors cent deux ans). J'allai donc l'inviter. Il fut fort aimable, mais de conversation assez étrange, que son âge explique... « Je n'accepte votre dîner, me dit-il, qu'à deux conditions. » — Je m'inclinai. — « D'abord, il n'y aura pas de poisson.» — «Non, Monsieur Chevreul, je vous le jure, ai-je répondu avec vivacité ; il n'y aura pas de poisson. — Quant à la seconde condition, c'est qu'on ne fera pas de politique. — Pas plus de politique que de poisson », ai-je répondu. Alors il accepta. A ce banquet, M. Chevreul, au dessert, se leva, et prononça un discours qui ne se terminait pas. Il parlait, il parlait ; il parlerait peut-être encore, si M. Frémy, qui présidait, ne l'avait interrompu, en se levant, et disant à haute voix : « Au plus grand chimiste du monde. Hommage à M. Chevreul. » (1)

Un autre dîner *Scientia* fut offert à M. Pasteur; un autre, à M. Berthelot. Ce jour-là, Renan, l'ami intime de Berthelot, qui nous présidait, fit un discours délicieux. «Jeunes gens! jeunes gens, dit-il en terminant... attachez-vous à la science. C'est encore ce qu'il y a de plus sérieux. »

Un autre dîner fut offert à M. H. de Lacaze-Duthiers.

____

(1) Ce premier banquet *Scientia* nécessita plusieurs visites. M. Chevreul me posa à brûle-pourpoint cette question embarrassante. « Savez-vous ce que c'est qu'un fait ?...» Je fus interdit. — « Un mouton est-il un fait ?...» Et je ne me souviens pas de ma réponse.

J'avais été son élève, et j'étais son admirateur. Non certes qu'il fût sans défaut ; mais il rachetait l'âpreté de son caractère et la vigueur de ses haines par l'amour du travail et la fidélité dans ses amitiés, tout aussi fortes que ses antipathies. Ses leçons étaient pittoresques, imagées : il entretenait ses auditeurs de ses efforts pour constituer les laboratoires de Roscoff et de Banyuls. « J'ai fait cette année, nous disait-il, de Roscoff à Banyuls et à Paris, près de six mille kilomètres ; et je ne compte pas mes visites au ministère. » Sur chacun de ses confrères de l'Académie ou de ses collègues de la Sorbonne, il tenait un dossier secret qu'il enrichissait volontiers de tout ce qu'on lui contait. Sa conversation, semée de considérations piquantes, était d'un grand attrait, mais pleine de sous-entendus. « X... ah ! ah ! X... vous savez ?... » Et je faisais semblant de savoir. « Y... ah ! ah ! Y ?... c'est comme B... vous savez bien, B... qui... » D'ailleurs il fallait faire attention à toutes les paroles qu'on lui disait, car, dès que la visite était terminée, il inscrivait soigneusement, pour que le souvenir n'en disparût pas, toutes les phrases qu'on s'était permises. Aux examens, il était quelque peu fantasque. L'École Normale était sa bête noire, et les normaliens jugés sans bienveillance, souvent même sans justice.

Entre H. de Lacaze-Duthiers et H. Baillon, professeur de Botanique à la Faculté de Médecine, la ressemblance était saisissante. Baillon était un admirable professeur, amusant dans ses conversations, incisif, mordant, très ferme dans ses haines contre les botanistes de la Sorbonne, du Muséum, ou de l'Institut. Mais il était assurément l'homme de France, et peut-être du monde, qui connaissait le mieux les noms et les diagnoses des plantes.

Dans les premiers temps de son professorat, il refusait sans pitié les élèves qui n'étaient pas instruits en botanique. Or, comme presque jamais ils n'en savaient un traître mot, c'étaient d'innombrables refus, qui conduisaient à d'indescriptibles *chahuts*. Aussi le pauvre Baillon avait-il pris le parti de recevoir tous les candidats. Il suffisait de ne rien lui répondre. Il demandait : « Qu'est-ce qu'un carpelle ? » On ne répondait pas. Il prenait un air dédaigneux, et demandait : « Quels sont les caractères des Renonculacées ? » L'étudiant ne répondait pas davantage ; car ses opinions sur les Renonculacées étaient les mêmes que sur les carpelles. L'air dédaigneux de Baillon croissait encore... Le silence se prolongeait, et l'étudiant était reçu.

C'est à peine si j'ai connu, — et je le regrette amèrement, — les trois plus grands savants du siècle passé, et peut-être de tous les siècles passés ; Henri Poincaré, Pasteur, Claude Bernard ; trois puissants et merveilleux génies, fleurs de notre France.

J'ai vu une fois Henri Poincaré, pour une visite de candidature ; il m'écouta avec distraction (et il avait parfaitement raison). Mais, comme on le pense bien, ma visite ne dura pas plus de deux minutes, et il me répondit à peine.

Je ne peux rien dire de personnel au sujet de Pasteur auquel j'ai bien rarement parlé. A trois reprises différentes, il m'a écrit des lettres délicieuses, que je garde pieusement. Et certes, cela est admirable, et surprenant, que, parmi ses travaux et ses occupations, il ait trouvé le temps de m'écrire (1).

Quant à Claude Bernard, que mon père connaissait bien, et auquel, chez son amie Mme Raffalovitch, il me présenta un soir, je commençais à peine l'étude de la physiologie quand il est mort. J'avais pourtant suivi avec grande admiration son cours au Muséum. Mais ce n'est pas son cours qui a exercé directement sur moi de l'influence. Un jour, dans la cour du Collège de France, comme j'allais au laboratoire de Berthelot, je le saluai respectueusement ; il s'arrêta et me dit : « Vous étudiez le suc gastrique. Eh bien ! étudiez celui des poissons, il est d'une activité exceptionnelle. » Le soir même, je partais pour le Havre afin d'étudier le suc gastrique des squales.

Si je rapporte cette anecdote, bien insignifiante en soi,

(1) Jadis, après avoir été reçu docteur en médecine, j'envoyai un exemplaire de ma thèse à tous les professeurs de la Faculté sans exception. Il n'y en eut que deux qui me répondirent : Vulpian et Charcot. C'étaient, sans hésitation possible, les plus illustres, peut-être même les seuls illustres, de la Faculté. Je me suis alors convaincu que la politesse n'est pas incompatible avec le mérite.

c'est pour montrer quel profit on peut tirer d'une conversation, même en apparence banàle, avec un grand homme.

Car Claude Bernard était réellement grand parmi les plus grands. Il est en physiologie le maître incontesté, tant pour la méthode que pour l'invention. Et je prétends être son élève, quoique je n'aie malheureusement pas travaillé à ses côtés. Mais j'ai tellement lu et relu ses inimitables livres que sa pensée m'a pénétré et inspiré sans cesse.

J'ai eu d'assez fréquentes relations avec deux autres physiologistes, illustres à juste titre, Chauveau et Brown-Séquard. Quel contraste étrange entre ces deux hommes, qui ne se ressemblaient que par leur ardeur extrême pour le travail et leur passion pour notre belle science. Chauveau était solennel et lent ; excellent homme, naïvement et justement fier de ses travaux. Il ne pouvait donc pas dire de lui, comme certain savant célèbre : « J'ai toutes les qualités, mais ce qui me distingue surtout, c'est la modestie. » Assurément Chauveau n'était pas modeste. Mais il laisse une assez belle œuvre pour que nulle modestie ne soit légitime.

Quant à Brown-Séquard, pétulant, actif, toujours en mouvement, méditant sans cesse quelque expérience nouvelle, ne croyant qu'à l'expérience, il donnait aux jeunes gens l'exemple d'une activité que ne pouvait glacer l'âge.

Volontiers, je considérerais mon ami Lippmann comme étant le type accompli du savant. Il était d'une admirable sérénité que rien ne troublait, et d'une conscience scrupuleuse. A la fois laborieux et rêveur, il poursuivait solitairement ses grandes pensées. Timide d'ailleurs, fuyant les honneurs, les banalités de la vie quotidienne, artiste délicat, se plaisant aux belles œuvres de l'esprit. Très bienveillant, il n'écoutait cependant que d'une oreille inattentive ; car il suivait sa propre pensée, plus que celle de son interlocuteur, ce qui était bien légitime.

Il faut ranger aussi Ph. Sappey, professeur d'anatomie, parmi les beaux types de savants. Sa figure froide, monacale, sa tenue sévère, l'ampleur de son geste, une solennité qui était naturelle et non voulue, s'accordaient avec une vie austère, toute consacrée au travail. Il s'était adonné à une science bien ingrate, l'anatomie, en laquelle il y a si peu de découvertes à faire. Tout de même, il l'aimait avec passion. Quand je fus reçu agrégé d'anatomie et de physiologie à la fois — car alors les deux sciences comportaient un concours unique — comme j'avais fait en anatomie d'assez tristes épreuves. M. Sappey me dit : « Maintenant que vous voici agrégé, promettez-moi que vous apprendrez l'anatomie. » En toute bonne foi, j'ai promis. Mais je n'oserais pas jurer que j'ai tenu ma promesse.

Le successeur de Sappey était aussi fantasque que Sappey était correct, aussi impétueux que Sappey était calme: il s'agit de mon ami Farabeuf. Ce n'était pas tout à fait un savant, car il n'est guère de travail

nouveau à entreprendre en fait d'anatomie humaine ;
mais c'était le professeur merveilleux, l'incomparable,
l'unique. Avec des bâtons de craie de couleurs différentes, il dessinait, en parlant les contours des choses
anatomiques, qui prenaient vie sous sa main. Il avait
des expressions imagées qu'on n'oubliait pas plus que
ses dessins. Tous les élèves qu'il a eus pendant un quart
de siècle ont gardé de lui un souvenir vivace. Farabeuf
a été un grand, un merveilleux artiste. Hélas ! il eut
aussi l'âme tourmentée des artistes, vivant dans des
angoisses à demi imaginaires, bizarre, étrange dans
ses propos et ses allures, en une instabilité mentale
singulière qui le rendait très malheureux.

L'étrangeté, la bizarrerie, la fantaisie poussée au
delà des limites, se voient quelquefois chez les savants.

Mon ami Munier Chalmas, qui fut un paléontologiste
étonnant, déconcertait notre maître Hébert par ses
allures de fantasmagorique indépendance. Il s'agissait
d'être nommé professeur à la Sorbonne ; sa nomination
était sûre. Mais, pour être professeur en Sorbonne, il
faut être licencié et docteur. Comment décider Munier
Chalmas à passer (pour la forme) ces deux examens ?
Il s'y refusait énergiquement. Des amis fidèles vinrent
cependant chez lui, le firent sortir de son lit, l'habillè-
rent de force pour l'emmener à Caen, presque *manu
militari*, à l'examen. Là ce fut un singulier spectacle.
Il paraît que plus tard, quand Munier Chalmas fut de
l'Institut, il devint très correct, et même exagéra la

correction. Mais ce ne fut pas pour longtemps, car il ne survécut guère à cette position suprême, trop pesante peut-être pour cet admirable savant et cet incorrigible bohême.

L'illustre professeur César Lombroso, de Turin, père de famille modèle, n'était pas un bohême à coup sûr, mais il était d'une originalité extraordinaire. Il manquait de sens critique à un degré formidable. S'il trouvait dans un journal ou dans un livre quelque document qui confirmât une de ses théories, — et les théories de Lombroso étaient aussi nombreuses qu'inattendues, — il s'en emparait soudain, sans en éprouver l'authenticité. Sa fécondité d'imagination était inépuisable ; sa puissance de travail, prodigieuse. Il a écrit un livre sur la graphologie, et son écriture était indéchiffrable. Il a écrit un livre sur les hommes de génie, prétendant que le génie est proche de la folie, et il semblait s'appliquer par son génie exubérant et fantasque à confirmer sa thèse. Il a écrit un livre sur les délires de persécution, et il se croyait sans cesse persécuté, car les critiques les plus inoffensives l'effaraient. Esprit profond et peu sûr, il laissera le nom d'un fécond novateur. « Il est un *ferment* », me disait un jour son ami et compatriote, l'ingénieux A. Mosso...

Ces excentricités sont rares. En général, les savants sont d'une correction parfaite ; j'en ai connu, et de très grands, qui, malgré l'originalité puissante de leur

esprit, la fécondité de leur puissance inventive, n'é-
taient rien moins que des bohêmes, et gardaient toute
la maîtrise de leur intelligence vaste et pondérée.
William James, sir William Crookes, sir Oliver Lodge,
Svante Arrhenius et Frédéric Myers.

C'est surtout Fred. Myers que j'ai fréquenté. Nous
passâmes ensemble, soit à Paris, soit à Cambridge,
soit dans divers voyages, de longues heures à discuter
sur cette science terrible que j'ai appelée la métapsy-
chique, science qui était plongée dans le rêve, et que
nous tâchâmes de discipliner et d'égaler aux sciences
anciennes, plus positives parce que plus anciennes, et
plus abordables. Ce que j'admirais dans Myers, c'était
sa scrupuleuse probité scientifique. Quoiqu'il eût une
mémoire excellente, il prenait note exactement de
toutes les conditions d'une expérience. Sa courtoisie,
sa bonne grâce, son érudition étaient rehaussées par
un sens humoristique très délicat, qui rendait sa conversation charmante. Il était homme du monde, très loin
des savants en *us*, confinés en leur spécialité comme
des ours dans leur fourrure ; mais il fut un vrai savant
dans le sens le plus exact de ce mot.

J'ai parlé, en ces courts écrits, surtout de mes
maîtres, de ceux que j'ai admirés et aimés.
Peut-être devrais-je parler maintenant des savants
contemporains, mes collègues, mes amis, mes élèves,
et dire toute mon admiration pour leur ingéniosité,

leur loyauté, leur labeur, mais je craindrais d'offenser leur modestie en disant d'eux ce que je pense.

En me représentant leur vie, qui est une longue abnégation utile à l'humanité, j'ai quelque regret d'avoir paru, par mes portraits fantaisistes, jeté quelque déconsidération sur le savant. Mais non ! Cent fois non ! il faut qu'on me comprenne. Le savant, malgré mes innocentes critiques, est pour moi. au milieu de toute l'humanité, le type idéal le plus élevé, et je veux que tous ceux qui me liront en soient aussi convaincus que moi.

CHAPITRE IX

A TRAVERS LES AGES

NOUS sommes presque aussi impuissants à nous figurer le passé que l'avenir. Le temps présent obnubile ce qui n'est pas lui. Aussi est-il bien difficile de se faire une juste idée des sentiments qui autrefois animaient les savants, de leurs attitudes, de leurs mœurs, de leurs méthodes, de l'estime en laquelle ils étaient tenus par l'opinion. D'autant plus que les savants, alors comme aujourd'hui, ne sont guère enclins à conter par le menu leurs petites histoires personnelles, ce dont on ne peut les blâmer.

Aux temps très anciens, à demi-fabuleux, les savants étaient un peu sorciers, un peu devins, un peu prêtres, un peu poètes. PYTHAGORE était de ceux-là. Ils s'enveloppaient de nuages et se nimbaient de mystères, comme les mages d'Égypte et de Chaldée. Ils mêlaient bizarrement le culte des Dieux à l'observation des étoiles et au traitement des maladies, et ils faisaient plutôt de la religion que de la science.

Or voici que vers le ve siècle avant J.-C., pendant que l'Égypte, la Palestine, la Chaldée, la Syrie, l'Inde, se perdaient dans des théogonies ineptes et sublimes, l'Hellade, notre commune mère, l'Hellade, créatrice des arts, se fit aussi l'initiatrice des sciences, avec

Thalès, Euclide, Archimède, Anaxagore, Hipparque, Hippocrate. De la vie de ces grands hommes, nous savons peu de chose ; de leurs œuvres mêmes, nous ne possédons que des débris. Nous savons pourtant qu'ils ont créé la science. Quelque cent ans après eux, apparaît Aristote, Aristote qui résume magnifiquement toutes les connaissances de son temps, Aristote qui, sans avoir fait, sinon peut-être en zoologie, de découvertes scientifiques, est le plus prodigieux de tous les encyclopédistes de tous les temps. D'ailleurs, il pouvait l'être, car, en ces temps lointains, la science n'était pas tellement vaste encore qu'elle ne pût être enseignée, comprise et écrite par un seul homme. Ainsi, cet Aristote extraordinaire a pu composer de très doctes traités sur toutes choses, connues et inconnues.

Dans les temps anciens, en fait de science, il n'y a que les Grecs. Les Carthaginois, les Juifs, les Parthes, et même les Romains, ne comptent pas.

Plus tard, ce fut encore la science grecque qui triompha à Rome et à Alexandrie. Les savants de ce temps étaient aussi des encyclopédistes, grammairiens, rhéteurs, médecins, philosophes, sophistes, souvent parasites. Ils tenaient école, ouvraient boutique sur rue, et faisaient payer leurs leçons fort cher, encore qu'elles n'eussent pas grande valeur ; ce n'étaient que commentaires verbeux et douteuses fleurs de rhétorique. Nulle découverte ne leur est due. Les temps de la science, malgré Elien, Pline et Galien, ne sont pas venus encore.

Et bientôt l'épaisse nuit du moyen âge vint couvrir tout de son ombre néfaste. La pauvre science dut se réfugier chez les Arabes.

Avec la Renaissance italienne reparaissent enfin le respect et le culte de la science. Et tout de suite une différenciation profonde s'établit entre deux groupes de savants. Cette différence existe encore aujourd'hui, et elle est curieuse à noter. Mais elle n'apparaît pas avec la même évidence qu'aux xve et xvie siècles. Cette comparaison entre les anciens et les modernes donne un intérêt passionnant à la vie des grands savants de la Renaissance.

Les uns, qui sont beaucoup plus nombreux, professent dans les Universités. Ils ont des robes, des titres, des parchemins, des diplômes. Ils enseignent gravement à leurs élèves toutes les opinions qu'il faut respecter. Leur orthodoxie est indiscutable. Ils répètent les formules que leur ont léguées leurs maîtres ; ils mêlent Saint Thomas d'Aquin et Aristote, n'inventent rien, mais redisent ce qui a été inventé, et fulminent contre les pestilentielles innovations des chiméristes. Ainsi que l'immortel Diafoirus, chacun d'eux est ferme comme un Turc sur les principes. Ils s'enfouissent dans les bibliothèques, à la manière de ces rats dont La Fontaine a dit (en bien mauvais vers) :

> *qui, les livres rongeants,*
> *Se font savants jusques aux dents.*

Qu'ils soient médecins, juristes, physiciens, astrologues, théologiens ou grammairiens, ils ont mené une existence paisible et inutile.

Les autres, au contraire, sont aventureux, de mœurs souvent peu recommandables et de caractère peu accommodant. Grands voyageurs, ils se promènent d'une Université à l'autre, Italie, France, Allemagne, Bohême, instables dans leurs recherches, curieux de toutes choses nouvelles : car ils sont peu satisfaits des anciennes. Ils s'exposent, par leurs intempérances, aux railleries de la foule, aux foudres de l'Église, aux remontrances des collègues, aux calomnies de l'opinion. Ils ne respectent pas beaucoup plus SAINT THOMAS qu'ARISTOTE. Leurs yeux sont tournés, non vers le passé, mais vers l'avenir.

Ce sont ces gens-là qui ont renouvelé la science.

Mais que de traverses ! que de misères ! que de déboires !

GALILÉE, exilé de Pise, va à Padoue, puis se réfugie à Florence, à la fois honoré et persécuté. Mis en prison, il doit abjurer ses erreurs (et quelles sublimes erreurs !). DESCARTES, exilé aussi, meurt en Suède, après avoir vécu une existence hasardeuse, de soldat, de physicien, de philosophe, de médecin. VÉSALE va de Bruxelles à Paris, puis à Bologne, puis à Pise, et il est contraint, pour pénitence d'un crime imaginaire, à faire un pèlerinage en Terre-Sainte, où, naufragé, il meurt de faim. BERNARD DE PALISSY, un des plus ingénieux inventeurs de tous les temps, un des fondateurs de la géologie, artiste prestigieux, meurt à la

Bastille où il est emprisonné. MICHEL SERVET, savant espagnol, va à Toulouse, puis à Lyon, à Paris, puis à Vienne (Dauphiné), et, persécuté partout, se réfugie à Genève où il rencontre CALVIN qui le fait brûler. Le grand philosophe BACON est condamné à la prison et frappé d'une amende formidable. C'est miracle qu'il ait pu échapper à ses calomniateurs. W. HARVEY, après avoir étudié en Italie et en France, revient à Londres, et sa maison est pillée par la populace. AMBROISE PARÉ n'échappe à la mort que par la protection personnelle de Charles IX. ATHANASE KIRCHER, inventeur original et savant profond, est chassé d'Allemagne ; il se réfugie à Avignon, de là à Rome, où il est encore persécuté. COPERNIC n'ose publier ses admirables travaux qu'à la fin de sa vie, et il ne voit son livre imprimé que le jour de sa mort. KÉPLER, quoique pensionné par l'empereur Rodolphe, ne reçut jamais sa pension et vécut dans la misère. ANDRÉ CÉSALPIN, quoique médecin du pape, est accusé d'athéisme, de panthéisme, de sorcellerie, et dénoncé à l'Inquisition.

Et certes, GALILÉE, DESCARTES, VÉSALE, B. DE PALISSY, SERVET, HARVEY, BACON, AMBROISE PARÉ, A. KIRCHER, KÉPLER, COPERNIC, CÉSALPIN, ce sont les plus grands noms de la science en ces deux siècles.

Oui. A l'origine de toutes les sciences, on trouve la persécution.

Heureusement, de nos jours, les savants ne sont plus exposés à ces tribulations, ces exils, ces prisons, ces brûlements. Ils ont, dès le milieu du XVIIe siècle, pris quelque autorité dans le monde. Tout de même, il faut reconnaître qu'il existe encore, aujourd'hui, tout comme en ces temps combatifs du XVIe siècle, deux groupes distincts de savants : le groupe des militants et celui des satisfaits. Peut-être le progrès vient-il plutôt des militants que des satisfaits.

Aux temps de Louis XIV, la science commence à être honorée. On lui accorde quelque place aux pieds du Roi-Soleil. Mais elle n'est encore que l'humble servante de la littérature. L'art du beau langage emporte tout. Personne n'eût osé soutenir que BOILEAU n'était pas supérieur à CASSINI, à LEIBNIZ et à HUYGHENS. PASCAL était plus célèbre par ses *Provinciales* que par son *Traité du Vide.*

Mais les mœurs changent vite.

Vers le milieu du XVIIIe siècle, grâce surtout à VOLTAIRE, le respect et presque l'admiration arrivent aux hommes de science.

Et les savants se transforment aussi. Le savant du XVIIIe siècle n'est plus confiné dans sa cellule, et il ne déambule pas à travers les Universités. Il ne parle plus latin. Il est devenu homme du monde. Il écrit dans les gazettes. On l'écoute volontiers dans les salons, où il aime à se montrer et où on le recherche. Les grandes dames philosophes, amies de VOLTAIRE, de DALEMBERT, de DIDEROT, de FONTENELLE, sont fières de croire comprendre quelque chose à la science.

Leur prétention est même peut-être plus justifiée

qu'aujourd'hui. L'astronomie surtout, depuis KÉPLER, COPERNIC et NEWTON, l'astronomie, dont les horizons sont grandioses et dont les éléments sont si faciles à connaître, attire ces belles savantes qui commentent avec enthousiasme les *Entretiens sur la pluralité des mondes.*

La physique et la chimie sont encore trop rudimentaires pour attirer. La mathématique, qui cependant progresse rapidement, est trop aride et trop difficile pour être populaire, mais les profanes la regardent de loin avec grand respect, sans oser entrer dans le temple.

La médecine, avec ses dissections d'hommes et ses vivisections d'animaux, passionne peu. On en est curieux cependant, mais les découvertes ne sont ni assez importantes, ni assez solides pour inspirer de grands enthousiasmes.

Tout de même, en ces temps de philosophie, on comprend déjà que la science doit être la maîtresse du monde. C'est surtout VOLTAIRE, le roi VOLTAIRE, qui dirige le chœur. VOLTAIRE, sans être très profondément versé dans aucune science, les a toutes abordées et, grâce à son souple génie, comprises. Assurément, malgré sa sagacité, il commettait souvent de lourdes erreurs, ridiculisait à tort les anguilles de NEEDHAM (parce que NEEDHAM était un jésuite) ; ne prenait pas au sérieux les découvertes paléontologiques ; riait des coquilles marines trouvées aux sommets des montagnes et n'admettait pas les géniales conceptions de DESCARTES sur la mécanique du monde. Il ne fut pas infaillible. Loin de là. Mais il introduisait dans le monde cultivé et civilisé de ce temps cette idée qui est devenue dominatrice, et même qui n'est pas aujourd'hui assez dominatrice encore, que l'avenir de l'humanité dépend des savants, que les expériences des physiciens et des naturalistes, les observations des astronomes, les calculs des mathématiciens, ont autant de poids que les divertissements littéraires les plus délicats. Quoique passionné pour la poésie, il mettait NEWTON au-dessus de tout, et cette haute conception du rôle de la science est pour VOLTAIRE un de ses plus beaux titres de gloire.

D'ailleurs, VOLTAIRE n'est pas seul. J.-J. ROUSSEAU est botaniste, BUFFON, dont on méconnaît trop le beau génie, était un des principaux personnages du temps, DIDEROT, dans l'*Encyclopédie*, faisait à la science une place d'honneur. EULER était appelé à la cour de Catherine. HELVETIUS faisait partie de la cour de Frédéric. La science n'était plus la Cendrillon d'autrefois.

Cependant, c'est à peine s'il existait des laboratoires. Les expériences chimiques de ROUELLE au Jardin du Roi, les admirables travaux physiologiques de HALLER à Bâle constituent presque des exceptions. En Allemagne, STAHL faisait beaucoup de chimie, mais une chimie absurde, qui pourtant, malgré ses erreurs énormes, eut une vogue singulière. Et c'est déjà beaucoup que d'admirer la chimie, même quand elle est absurde.

Mais voilà que dans le dernier quart du XVIIIe siècle paraissent trois hommes de génie. SCHEELE, pharmacien suédois, chimiste d'une incomparable inventivité; PRIESTLEY, qui découvrit la chimie des gaz; LAVOISIER surtout, LAVOISIER qui est le grand maître, le maître de tous.

LAVOISIER, créateur de la chimie, créateur de la physiologie, est le plus grand nom de toute la science.

Il était riche, de sorte qu'il put expérimenter sans recevoir aucune assistance. Grâce à une obstination merveilleuse, à une perspicacité étonnante, à une incomparable logique, il put découvrir toute une série de faits absolument nouveaux et établir une théorie immortelle. Chez lui la rigueur expérimentale est aussi puissante que la conception est audacieuse.

Et LAVOISIER est un savant tout moderne. Son style est imagé, précis : c'est le style qui convient encore à l'heure actuelle. Il s'enferme dans son laboratoire, construit ses balances, ses thermomètres, ses calorimètres. Il n'a rien écrit sur la méthode expérimentale, mais toute son œuvre est l'apothéose de la méthode expérimentale. *Les exemples vivants ont bien plus de pouvoir.*

Et il suffit de lire et de méditer l'œuvre de LAVOISIER pour comprendre ce que doit être un savant.

En un siècle, de THOMAS DIAFOIRUS à LAVOISIER, un pas immense a été fait. DIAFOIRUS est le savant du moyen âge, LAVOISIER est le savant moderne.

CHAPITRE X

DE LA GENÈSE DES EXPÉRIENCES

JE viens, encore une fois, demander pardon au lecteur, puisque je vais parler de moi. Mais ce sera en toute modestie. En effet, je voudrais montrer combien, dans une découverte quelconque, médiocre ou importante, notre rôle personnel se ramène à peu de chose, si peu de chose que ce n'est rien.

Ce sera donc une profession de foi un peu humiliante, puisque j'attribue au hasard un grand rôle. Pourtant on reconnaîtra que le hasard doit être aidé par la persévérance.

On verra ainsi — et je crois que cette confession naïve sera utile aux jeunes gens, — la genèse d'un travail, les phases à travers lesquelles l'expérimentateur, guidé par les faits eux-mêmes plus que par sa pensée propre, arrive à constater des phénomènes nouveaux qui avaient avant lui passé inaperçus.

1º Mes recherches sur le suc gastrique sont dues au hasard, mais au hasard fécondé par trois maîtres :

Mon très aimé maître Verneuil, dont j'étais alors l'interne, avait opéré de gastrotomie un jeune garçon dont l'œsophage avait été oblitéré par l'ingestion accidentelle d'une solution potassique. Cette hardie opération, alors tout à fait nouvelle, avait réussi, de

sorte que le jeune Marcelin avait une fistule stoma-
cale, par où s'écoulait le suc gastrique et par où se
pouvaient introduire des aliments. C'est par cette
fistule seulement qu'il s'alimentait ; car l'œsophage
était complètement oblitéré. « Reprenez sur Marcelin, me dit Verneuil, les belles observations de Beau-
mont sur son Canadien et vous serez sûr de trouver
des choses intéressantes. » Alors, dans le laboratoire
de Berthelot, je me mis à étudier le suc gastrique
de Marcelin. Je notai même en passant un fait, dont
par malheur je n'ai parlé qu'à peine et sur lequel je
n'ai pas insisté comme j'aurais dû, fait qui a été si bien
mis en lumière par Pawlow, c'est que la mastication
et la dégustation des aliments provoque par un ré-
flexe psychique l'afflux de suc gastrique. Vraiment,
j'ai été bien mal inspiré de ne pas étudier ce phénomène davantage ; j'aurais ainsi pu démontrer cette
sécrétion gastro-psychique que Pawlow, vingt années
plus tard, a analysée avec tant de pénétration. Je do-
sais l'acidité du suc gastrique avant, pendant et après
la digestion, quand un jour Berthelot me dit : « Voyez
donc ce que donnerait la méthode des coefficients de
partage (*proportionnelle dissolution des acides dans
l'eau et dans l'éther*), vous pourriez ainsi résoudre
la question si controversée de l'acide du suc gastrique. » Ce qui fut fait, non sans de notables difficultés
sur lesquelles je ne puis insister. J'ai raconté plus
haut que Claude Bernard, me rencontrant dans la
cour du Collège de France, m'avait dit : « Étudiez le

suc gastrique des poissons, il est d'une activité extraordinaire. »

N'ai-je pas bien fait de suivre les conseils de mes
chefs illustres, Verneuil, Claude Bernard, Berthelot ?
Nous n'avons jamais assez de reconnaissance pour les
suggestions que nous donnent les maîtres éminents.

2º C'est aussi le hasard qui m'a permis de connaître
la nature de la *polypnée* thermique. Nulle vue de l'esprit ne m'y conviait. Je suis parti d'une idée qui semble
sans rapport avec cette question. Mais — et je crois
que c'est la bonne méthode, — quand les faits se présentent à moi, je ne m'obstine pas dans mon idée :
j'obéis aux faits que j'observe.

Il y a un vers classique dont je prendrais volontiers
la contre-partie :

> *Et mihi res non me rebus subjungere conor.*

Ce précepte me semble une erreur de conduite (au
moins pour les choses de la science), et je tâche de me
soumettre aux choses, sans avoir la folle prétention
de me les soumettre.

On va voir par quels détours imprévus j'ai compris
comment les chiens se refroidissent en respirant rapidement. C'est à l'heure actuelle un phénomène tellement
simple, tellement classique, tellement évident, qu'on a
quelque peine à croire qu'il n'était pas connu de toute
antiquité. Eh bien non ! et non ! avant mon mémoire
de 1885, le mot de polypnée —que j'ai créé, — n'existait pas, et nul physiologiste n'avait compris la cause
et le mécanisme de cette polypnée thermique, qu'on

appelait dyspnée et dont personne n'avait découvert la signification.

Mais c'est par étapes successives que je suis arrivé
à cette notion, et très indirectement. Je savais, comme
tous les physiologistes, que la contraction musculaire
est due à la combustion du sucre du sang. Alors je me
suis demandé si, en prenant des animaux en état de
jeûne, et en tétanisant tous leurs muscles, je ferais
monter leur température aussi rapidement que chez
les chiens normaux bien nourris. Or les chiens élec-
trisés et tétanisés s'échauffent aussi bien, quand ils
sont à jeûn, que quand ils sont en pleine digestion.
Mon hypothèse n'était donc pas justifiée. Pourtant, je
crus remarquer certaines différences dans l'échauffe-
ment des chiens sur lesquels je provoquais le tétanos
électrique. Il m'a semblé que les chiens muselés
s'échauffaient plus vite que les autres et arrivaient
vite à une hyperthermie mortelle, tandis que les
chiens non muselés, dont la respiration est haletante,
s'échauffent mal ou même ne s'échauffent pas du
tout. Une série d'expériences assez faciles à imaginer
me permit de prouver que la respiration fréquente
refroidit le sang par exhalation d'eau. Ainsi la
cause et le mécanisme de la polypnée thermique
furent établis.

Parement, on réussit à vérifier les hypothèses qu'on
bâtit avant d'instituer une expérience. Claude Bernard raconte qu'il avait supposé, puisque le grand
sympathique présidait aux fonctions de nutrition,

qu'en excitant électriquement ce nerf on développerait de la chaleur. Mais l'expérience lui donna un résultat absolument inverse de celui qu'il pensait obtenir par l'excitation du sympathique ; la température s'abaisse au lieu de monter. Cette induction erronée fut pourtant le point de départ d'une admirable découverte, celle des vaso-moteurs. C'est que Claude Bernard fut assez sage pour ne pas s'entêter dans son hypothèse, et pour s'adapter aux faits, *se subjungere rebus*. Il resta pendant toute sa glorieuse vie fidèle à l'enseignement de Magendie, son illustre maitre. Magendie était enchanté quand l'expérience lui donnait un résultat contraire à celui qu'il prévoyait. « Bien ! disait-il, je m'étais trompé, mais c'est plus intéressant que si j'avais réussi. J'avais prévu un fait vraisemblable, logique, classique, que tout le monde pouvait imaginer, et c'est le contraire qui s'est produit. Donc voilà un phénomène nouveau, d'autant plus important qu'il était moins attendu. » Et Magendie ne cachait pas sa satisfaction d'avoir échoué.

3° Il m'est arrivé une fois de faire une hypothèse qui s'est vérifiée, et de voir mon hypothèse et mon expérience, amplifiées par d'habiles physiologistes et de grands médecins, prendre un développement considérable. Il s'agit de la sérothérapie, une des principales conquêtes de la thérapeutique moderne.

Aussi me permettra-t-on d'insister. Car je crois bien que la genèse d'une découverte en constitue l'histoire la plus curieuse.

Notre grand physiologiste Chauveau avait montré que les moutons français meurent du charbon (*Bacillus anthracis*) quand on les inocule avec du sang charbonneux ; mais que les moutons algériens, après qu'ils ont été infectés par le même sang, ne meurent pas. Pourquoi cette différence ? Dans mon cours de physiologie de 1883, comme je parlais des matières extractives, très mal connues, du sang, je supposai que c'était peut-être une de ces substances extractives, mystérieuses encore, existant dans le sang des moutons algériens, qui s'oppose à la prolifération du bacille charbonneux. « Qui sait, disais-je, si, en injectant du sang de mouton algérien à un mouton français, on ne lui conférera pas l'immunité contre le charbon ? » Je conseillais à mes élèves et à mes préparateurs de faire l'expérience.

Mais nous n'avions pas de moutons dans nos laboratoires, de sorte que pendant cinq ans je gardai mon projet d'expérience à l'état de projet. Et ce fut par une voie absolument différente que j'y revins.

Parmi les chiens qu'on amenait au laboratoire, il s'en trouva un qui portait une tumeur cancéreuse non ouverte. Comme on se demandait alors, ainsi qu'aujourd'hui encore, si la cause des cancers n'était pas microbienne, avec mon ami Héricourt je cherchai s'il n'y avait pas quelque microbe dans ce cancer, et, en effet, nous pûmes en isoler un, et le cultiver. Naturellement, nous l'injectâmes, espérant reproduire le même cancer chez d'autres chiens, mais l'échec fut complet. Il se développait bien une tumeur, mais c'était une sorte d'abcès qui tantôt se résorbait, tantôt devenait purulent. Sur des lapins, ce microbe injecté produisait une grosse tumeur œdémateuse, et l'animal mourait en trois ou quatre jours. Au contraire, les chiens, malades pendant quelques jours, ne mouraient pas. Et alors je pensai à faire avec ce microbe, mortel pour le lapin, non mortel pour le chien, l'expérience dont j'avais, cinq ans auparavant, parlé dans mon cours. « *Puisque le chien est réfractaire, en injectant à des lapins du sang de chien, on les rendra aussi réfractaires.* »

D'abord, ce fut un échec sinistre ; car les lapins ne supportent pas, en injection intraveineuse, le sang de chien. A cette époque, en effet (1886), personne ne pensait au sérum, ni moi, ni les physiologistes. C'était donc du sang total que nous injections, et tous nos lapins mouraient dès qu'on leur avait injecté quelques gouttes de sang. Alors je pensai à tourner la difficulté en injectant le sang du chien non plus dans les veines, mais dans le péritoine du lapin. Après cette transfusion péritonéale, même abondante, le lapin ne meurt pas.

Hé bien ! les lapins, ayant reçu du sang de chien dans le péritoine, résistaient à notre microbe beaucoup plus longtemps que les lapins normaux.

Bientôt nous constatâmes un autre fait, d'extrême importance. Si nous avions injecté du sang de chien normal, le lapin finissait par mourir de l'infection microbienne ; mais, si nous avions injecté le sang d'un chien infecté par notre microbe et guéri, le microbe n'avait plus de prise sur le lapin ainsi transfusé, et survivait.

Par conséquent, en injectant du sang on communique à l'animal injecté les immunités que possédait l'animal dont on injectait le sang.

C'était tout le principe de la sérothérapie.

Et nous en avons tout de suite compris les conséquences vastes. Mais nous commîmes alors une erreur, une erreur lamentable, sans doute très excusable, mais qui n'en est pas moins une erreur.

Héricourt et moi, après la rigoureuse constatation du fait (immunité par le sang des animaux immunisés) nous songeâmes à en faire l'application à une maladie autre que cette très spéciale infection du lapin. Et je me souviens encore, comme si c'était hier, de la longue conversation, — pour nous historique, — que nous eûmes alors. A quelle maladie devions-nous appliquer l'hématothérapie ? — On ne disait pas encore sérothérapie. — Diphtérie, charbon, ou tuberculose ? Il y avait des arguments pour et contre. A vrai dire, étant donné l'état de la science en 1887, et l'absolue nouveauté de la méthode hématothérapique, nous n'avions aucun motif sérieux pour prendre la diphtérie plutôt que la tuberculose ou la tuberculose plutôt que la diphtérie. Nous nous décidâmes pour la tuberculose.

Et ce choix fut malheureux ; car la sérothérapie de la tuberculose est douteuse, tandis que la sérothérapie de la diphtérie donne des résultats merveilleux, comme, deux ans plus tard, Behring l'a montré dans une admirable étude (1).

Mais il faut bien admettre une part de hasard dans les choses scientifiques, comme dans toutes les choses de ce monde, et je suis encore à me demander par quelle invraisemblable divination nous aurions pu prévoir que la sérothérapie diphtérique guérit et que la sérothérapie tuberculeuse ne guérit pas.

4º C'est tout à fait le hasard qui nous a permis, à Héricourt et à moi, de découvrir la zomothérapie, c'est-à-dire le traitement de la tuberculose par l'ingestion de jus de viande crue. Et notre perspicacité n'y a pas grande part.

Nos études sur la sérothérapie de la tuberculose n'aboutissant pas, nous essayâmes contre la tuberculose expérimentale divers traitements, diverses vaccinations, diverses alimentations, et nous consacrâmes dix ans à ces études. Elles furent stériles, je ne crains pas du tout de le reconnaître. Ni la créosote, ni l'arsenic, ni l'iode, ni l'acide urique, ni la suralimentation ne donnèrent plus de résultats que les vaccinations avec des tuberculines diverses ou des microbes atténués. Or, un jour, après avoir institué notre programme

____

(1) Behring n'a jamais eu le courage de reconnaître que nous avions découvert, deux ans avant lui, le principe de la sérothérapie, et que nous fîmes, en 1890, un an avant lui, la première injection thérapeutique de sérum qui ait été pratiquée sur l'homme.

expérimental tel qu'il y avait trois chiens pour chaque traitement spécial, il se trouva que nous avions un chien de trop, seize au lieu de quinze ! ! Alors, ne sachant pas que faire de ce seizième chien, j'eus l'idée de l'alimenter avec de la viande crue.

Au bout d'un mois et demi, les quinze chiens étaient morts, tous sans exception. Seul avait survécu le seizième, le chien nourri à la viande crue. Je pensai alors que nous nous étions trompés et qu'il n'avait pas été inoculé du virus tuberculeux. Mais non ! nous pûmes constater qu'il avait à la patte la petite cicatrice, témoin de l'injection.

Heureusement, je recommençai l'expérience. Mais ce fut — il faut bien l'avouer — sans grande conviction, car notre aveuglement est tel que les faits imprévus *nous doivent forcer la main* pour se faire accepter. Et bientôt il nous fut démontré que les chiens tuberculeux nourris autrement qu'à la viande crue succombent tous, et que tous ceux qui sont nourris à la viande crue résistent. Non seulement ils résistent, mais ils gardent une robustesse, une vigueur, une santé magnifiques.

Alors, mais *après coup*, je compris. J'aurais dû prévoir cela. Mais ni moi, ni personne, nous n'y avions songé jusqu'au moment où l'expérience, bien supérieure à notre pauvre imagination, a pris la parole pour nous l'apprendre. Dans l'immense Nature aucun des êtres vivants ne se nourrit avec des aliments cuits. La viande cuite n'est donc pas un aliment naturel. Il est donc possible que cette alimentation, en un certain sens anormale, ne soit pas la meilleure. Et cela se comprend tout de suite, puisque les albumines qui constituent la viande crue se transforment facilement en muscle vivant, ce qu'elles ne peuvent plus aussi bien faire si elles ont été disloquées par la chaleur. Donc, en alimentant les chiens à la viande crue, on revient à l'alimentation naturelle, et alors on donne aux chiens une vigueur suffisante pour leur permettre de résister à la tuberculose. Mais ce très juste raisonnement, d'une simplicité enfantine, je ne l'ai fait qu'*après* l'expérience, et je le reconnais en toute humilité.

Une fois établie l'efficacité de la viande crue, les expériences à faire étaient tout indiquées. Elles ne furent pas bien difficiles. Nous pûmes par quelques exemples décisifs prouver que le jus de viande était la partie thérapeutiquement active de la chair musculaire.

5° L'histoire de l'anaphylaxie, qui a eu une si heureuse fortune, est un autre excellent exemple pour démontrer à quel point l'expérience est plus féconde que l'imagination. Jamais je n'aurais supposé l'anaphylaxie possible. Même, quand elle s'est présentée à nous, mon cher ami P. Portier, avec qui je travaillais, s'y montra tout à fait rebelle.

C'est *malgré moi* que j'ai pu découvrir l'anaphylaxie.

Voici les faits. Sur le yacht du prince Albert de Monaco, P. Portier et moi, d'après le conseil du prince et du Dr Richard, nous fîmes quelques expériences sur les Physalies, Célentérés des mers équatoriales, dont les tentacules sont venimeux. Et comme il n'y a pas de Physalies dans nos climats, mais qu'à certains égards les Actinies, très communes sur toutes nos côtes, ressemblent aux Physalies, je fis recueillir des Actinies, et je pus en extraire un poison dont j'étudiai les effets. Il s'agissait de trouver la dose toxique. Elle était de 1, je suppose, de sorte que les chiens qui avaient reçu moins de 1 survivaient après quelques jours de maladie. Par économie, je les gardais au laboratoire pour leur faire plus tard une autre injection, car, au bout de trois ou quatre semaines, ils étaient absolument guéris.

Et alors un fait extraordinaire, mais devenu banal aujourd'hui, se produisit, auquel, j'eus dès d'abord énormément de peine à croire. Sur ces chiens guéris la faible dose de 0,1 devenait immédiatement mortelle. Pour être sûr de ne pas me tromper, je refis l'expérience définitive (*experimentum crucis*) sur un grand beau chien vigoureux injecté il y a quatre semaines, que j'avais appelé *Neptune*. A la dose de 0,1, en quelques minutes, *Neptune* fut terrassé. C'était d'autant plus surprenant que même la dose de 1 ne tue que lentement, au bout de deux ou trois jours.

Bien entendu, l'expérience fut répétée, modifiée, codifiée. En tout cas, ce fut la base de l'*anaphylaxie* Comme c'était un fait nouveau, j'ai voulu lui donner un nom nouveau, lequel, ainsi que le mot *zomothé-rapie,* ainsi que le mot *polypnée,* a passé dans le vocabulaire scientifique usuel. Ces trois mots nouveaux signifient trois choses nouvelles.

6º Quelquefois l'idée préconçue, l'hypothèse de travail, *est à peu près exacte*, mais elle va être corrigée par l'expérience. Ainsi à mon ami Hanriot je dis un jour : « Le chloral est hypnotisant ; l'acide lactique l'est aussi ; voyons alors ce que donnerait le chloralide lactique, combinaison de chloral et d'acide lactique. Ce doit être un merveilleux hypnotique. » Hé bien non ! le chloralide lactique est un convulsivant violent, terrible. Pourtant, nous ne nous décourageâmes pas. En combinant le chloral avec un isomère de l'acide lactique, le glycose, nous obtînmes le chloral-glycose que nous dénommâmes chloralose, corps très intéressant, qu'on devrait employer comme hypnotique dans la thérapeutique humaine, et qui, en tout cas, est employé couramment aujourd'hui dans les laboratoires pour anesthésier les animaux.

Mais je ne veux pas prolonger cette histoire des hésitations par lesquelles j'ai passé dans mes recherches diverses. Si je les ai rapportées ici, c'est pour montrer à quel point l'expérience est plus féconde que l'imagination. Le mérite de l'expérimentateur consiste presque uniquement à regarder tout ce qui se passe, à observer les moindres détails, à ne pas se satisfaire des conclusions banales, incomplètes, que trop souvent notre paresse intellectuelle adopte sans examen.

Un mot encore pour terminer ce chapitre, trop personnel peut-être. Il s'agit de ma méthode de travail. Je ne prétends pas qu'elle est parfaite. Je pense pourtant qu'elle a du bon, car elle permet de faire rapidement des expériences nombreuses. Si je puis me servir d'une comparaison triviale, le pêcheur à la ligne, pour prendre du poisson, ignorant à peu près en quels parages il se trouve, jette sa ligne en divers points de la rivière. De même, il faut tenter à droite et à gauche des expériences différentes, dont une peut-être va être fructueuse.

Mais, pour en faire beaucoup, il ne faut pas consacrer un très long temps à chacune de ces expériences. Une première, grossière, fruste, doit être tentée, qui va répondre tout de suite. Il ne serait pas sage d'adapter à cette tentative une instrumentation laborieuse, compliquée : il faut tout de suite, et très vite, savoir à peu près à quoi s'en tenir. Si le résultat est nul, on ne continue pas, et on n'aura pas perdu beaucoup de temps. Mais si l'on a réussi, ce premier succès n'est absolument pas suffisant. Et alors un long travail, exigeant une technique de plus en plus parfaite, une instrumentation de plus en plus précise, est nécessaire. Il faut répéter, répéter encore, en changeant telles ou telles conditions.

On doit toujours s'adresser les critiques les plus pénétrantes. Autant on a pu être rapide, élémentaire, imprécis au début, autant plus tard il faut redoubler de précision.

On n'a pas le droit d'encombrer la science d'assertions prématurées. Je ne sais plus quel physiologiste disait : « Telle affirmation erronée qu'on a mis un jour à construire, exige parfois vingt années de travail pour être renversée. » Dans son laboratoire, avant publication, le savant, peut, et même doit être très téméraire, très rapide, mais quand il s'agit de publier, il faut être sévère à l'extrême.

Et je me permets souvent de présenter ce précepte sous cette forme : *soyons aussi hardis dans la conception de l'hypothèse que rigoureux dans sa démonstration* (1).

(1) Je l'ai dit déjà ; mais intentionnellement je me répète ; car c'est un précepte formel, impératif et fécond.

CHAPITRE XI

DE LA PRÉCOCITÉ

COMME de quelques artistes, la précocité de certains savants fut parfois extraordinaire. Il en
fut qui, presque enfants encore, à peine adolescents,
témoignèrent déjà d'un génie profond, devant lequel
nous restons ébaubis.

Ceux-là sont presque toujours des mathématiciens.

Peut-être l'exemple le plus mémorable est-il celui
de notre grand Pascal, qui, au dire de son père et de
Jacqueline sa sœur, à l'âge de onze ans, reconstruisit
tout seul, sans rien avoir lu, en dessinant des ronds et
des barres, les premiers livres d'Euclide.

On ne saura jamais jusque à quel point cette précocité est légendaire. Mais ce qui n'est pas légendaire, ce
sont les multiples cas d'invention mathématique précoce apparaissant dans tout son éclat, chez Gauss,
chez Darboux, chez Bertrand, chez Galois.

Évariste Galois (1811-1832), qui mourut à vingt et
un ans, tué dans un duel stupide, est un cas singulier
parmi ces cas singuliers. A dix-sept ans, étant encore
au lycée, il imagine une théorie nouvelle des équations
algébriques, et envoie à l'Académie des Sciences un
écrit qui a malheureusement disparu. A dix-neuf ans,
il publie un mémoire qui indique des conceptions nou-

velles et profondes, et on a retrouvé dans ses papiers un travail (publié en 1846 seulement), qui instituait un progrès énorme dans l'analyse. Galois fut, disent les mathématiciens, un des génies mathématiques les plus originaux de tous les temps. Et il n'avait pas vingt ans! S'il fut refusé à l'École Polytechnique, c'est parce qu'on lui avait posé une question qu'il jugeait ridicule, et à laquelle il ne daigna pas répondre.

J. Bertrand avait obtenu une dispense d'âge pour l'examen d'entrée à l'École Polytechnique, et il stupéfia ses examinateurs. William Thomson, à quinze ans, écrivit un mémoire étonnant sur la figure de la Terre, où il abordait d'une manière originale les théories les plus difficiles de la mécanique céleste et de la cinématique. Arago, à vingt-trois ans, était membre de l'Académie des Sciences.

Presque tous les ans, non seulement en France, mais dans les autres pays, il se rencontre quelque collégien, de quinze ou seize ans, qui traite, comme par jeu, les problèmes les plus difficiles de l'analyse, et qui quelquefois invente des solutions nouvelles. Pour les infortunés qui (ainsi que moi, hélas), malgré toute leur volonté, et en dépit de répétés efforts, arrivent péniblement à saisir mal les premiers éléments de la science mathématique, ce génie précoce et profond demeure un grand mystère qui humilie et déconcerte.

Pour les sciences autres que les mathématiques, la précocité est plus exceptionnelle encore. En effet, qu'il s'agisse de physique, de chimie, de biologie, le savant est forcé d'observer beaucoup, lire beaucoup, beaucoup expérimenter. C'est laborieux ; c'est dur. *Ars longa*, disait Hippocrate. Le chimiste ne peut pas trouver, dans son esprit seul, les lois et les phénomènes qui gouvernent la matière. Au contraire, le géomètre prend une plume, une feuille de papier et, sans livres, sans documents, développe les formules qui se déroulent devant son génie. Il improvise, et il improvise des choses nouvelles et fécondes, car la puissance de son esprit mathématique lui a permis, en un temps relativement court, de connaître à peu près ce qu'ont fait ses devanciers. Mais les savants qui ne sont pas des mathématiciens ont besoin d'une plus longue initiation. Une technique laborieusement acquise est nécessaire, car la connaissance de tout ce qui a été fait déjà par les maîtres exige beaucoup de temps. Le chimiste, le physicien, le géologue se meuvent dans un monde matériel qui n'est pas souple, comme le monde immatériel de la pensée mathématique. Il faut des années pour savoir manier irréprochablement un galvanomètre, un polarimètre, un microscope.

Le mathématicien n'a d'autres frontières que celles de sa pensée, tandis que le biologiste et le physicien sont tenus de se conformer à la dure réalité des choses, aux limites que l'imperfection de nos sens nous assigne. L'infiniment petit, dont se joue le mathématicien, est inabordable au chimiste et au biologiste, car un microbe est très petit, mais ce n'est pas du tout l'infiniment petit, pas plus que les franges d'interférence de deux vibrations lumineuses, ou que les raies du spectre de l'hélium.

Les difficultés matérielles que présente toute science rendent presque impossibles, dans les sciences non mathématiques, les surprenantes précocités. On pouvait pressentir la grande intelligence, mais non le génie, de Lavoisier, par le mémoire qu'il a publié à vingt et un ans sur le sulfate de chaux. Laënnec a découvert l'auscultation à vingt-cinq ans. Mais cette invention, qui n'était, somme toute, qu'une heureuse idée, n'a été perfectionnée et fructifiée que par un long travail.

Pour les sciences qui ne sont pas mathématiques, les inventions précoces et fécondes sont donc exceptionnelles. On peut cependant prévoir chez un très jeune garçon, après de grands succès au lycée, qu'il aura un mérite rare, et que par conséquent, s'il suit une carrière scientifique, cette carrière sera brillante. Rien n'est plus stupide, à cet effet, que l'opinion si souvent émise, que les succès de lycée ne comptent pas. Quelle erreur ! Certes beaucoup de brillants collégiens ne se signalent ensuite que par une insigne médiocrité, mais en général les savants qui se sont illustrés plus tard ont montré, dès leurs débuts dans la vie intellectuelle, par leurs aptitudes pour l'histoire, les sciences, les narrations, les langues, qu'ils étaient supérieurs à leurs condisciples. Rappellerai-je que Berthelot a eu le prix d'honneur de philosophie ?

En somme, pour les mathématiciens, comme pour les musiciens, les peintres et les poètes, le moment de la grande production intellectuelle commence en moyenne à vingt-cinq ans, mais cet apogée est plutôt à trente-cinq ans pour les autres savants. D'ailleurs, il y a tant d'exceptions que j'ose à peine formuler cette règle. En tout cas, il est bien rare qu'un grand mathématicien n'ait pas donné à vingt-cinq ans quelque preuve de son génie, et qu'un grand naturaliste n'ait rien fait de bon avant d'avoir trente-cinq ans.

Quant au moment où s'éteint la puissance de production et d'invention, les diversités sont telles qu'on ne saurait indiquer de loi. En général, l'inventivité décroît rapidement avec l'âge. C'est triste, mais c'est vrai tout de même. Dès qu'on a dépassé cinquante ans, on n'a presque plus d'idées neuves ; on ne fait que se répéter : Victor Hugo, Voltaire, Goethe, sont de sublimes exceptions.

On pourrait supposer que ce ralentissement de la force intellectuelle est dû aux soucis de la vie, aux soins de la famille, aux occupations parasites qui se sont démesurément accrues. On pourrait invoquer encore le perfectionnement de l'esprit critique. Mais ce ne sont là que des circonstances atténuantes. Il faut que les hommes de plus de cinquante ans s'y résignent. Leur force imaginative, à partir de cet âge, toujours, sauf rares exceptions, décroît, et bientôt disparaît.

On ne parle pas des savants doués d'une médiocrité honnête. Avec l'âge ils ne deviennent ni meilleurs, ni pires : ils prolongent leur médiocrité.

CHAPITRE XII

DE LA MÉTHODE DE TRAVAIL

QUAND il s'agit de décider la recherche qu'il faut entreprendre, on peut hésiter entre deux partis.

Ou bien on aborde un sujet difficile, ardu, qui ne donnera peut-être rien, qui ne *rendra pas* ; tel qu'après plusieurs mois, voire plusieurs années de travail, au cas où on ne réussit pas, on n'aura abouti qu'à des résultats négatifs, tandis qu'au cas où on aura réussi, le succès sera très grand. Mais on n'est jamais certain de réussir.

Ou bien on prend un sujet facile, élémentaire, qui donnera sûrement quelques résultats, quoi qu'il arrive, mais dont la portée ne sera pas très grande. Car de nombreux savants avaient déjà tracé le cadre dans lequel il s'agit de placer quelques faits nouveaux, mais d'importance secondaire.

Par exemple, si un physiologiste veut étudier la toxicité des sels d'yttrium, il est certain d'arriver à un résultat quelconque, méritant d'être inscrit dans les annales de la Science, et il est certain aussi que ces résultats seront nouveaux ; puisque nul travail n'a été encore entrepris sur les effets physiologiques des sels d'yttrium. Tout de même, il ne sera sans doute jamais très intéressant de savoir que le sulfate d'yttrium est un poison à la dose de o gr. 25 ou de o gr. 75 ; que pour le lapin il est plus toxique que pour le chien, moins toxique que pour la grenouille, et que le cœur s'arrête avant la respiration. Ces données précises ne sont pas nulles ; mais la physiologie générale ne sera guère avancée. Or, comme le disait déjà Aristote, il n'y a science que du général.

Au contraire, si l'on a cherché à étudier les modifications que des lésions cérébrales graves apportent à l'hérédité, on entreprend une tâche prodigieusement difficile, longue, hérissée de difficultés techniques extrêmes. Mais, si l'on a réussi, à trouver quelque loi nouvelle, le résultat sera remarquable.

A vrai dire, cette distinction entre les problèmes faciles, inféconds, et les problèmes ardus, riches en conséquences, est plutôt théorique que réelle. Car, si l'expérimentateur a des idées originales, il trouvera toujours moyen de les mettre en lumière ; il saura transformer une question banale en une question générale. S'il est au contraire de commune intelligence, il réduira la question générale à un problème banal.

Quand on commence une recherche quelconque, même très modeste en apparence, on peut tout espérer, car nul ne sait ce qui va résulter de ce travail. « Sera-t-il dieu, table, ou cuvette ? » Expérimentez d'abord ; vous verrez ensuite. Dites-vous toujours que toute expérimentation est féconde. Attendez-vous à tout, regardez tout, observez les conditions, les modalités, et surtout laissez-vous conduire par les faits. La moisson sera parfois plus abondante que ne le pensait le semeur.

Enfin, voici un précepte que je considère comme fondamental, essentiel, à ce point fondamental et essentiel qu'il domine tous les autres :

« Jeune homme, dirais-je, si tu veux découvrir une vérité nouvelle, ne cherche pas à savoir quelles en seront les applications pratiques. Ne te demande pas comment la médecine, le commerce ou l'industrie en pourront profiter; car alors tu ne trouverais rien du tout. Tu veux une solution à un problème que tu considères important : aborde cette solution sans te soucier des conséquences. Prends la question par son côté le plus simple. Que les injonctions des journalistes, des hygiénistes, des ingénieurs, des pharmaciens, des médecins, ne t'arrêtent pas. Laisse-les dire. Va droit au problème par le chemin le plus court. Abandonne aux praticiens le soin encombrant des conclusions et des complications industrielles. *Veritas lucet ipsa per se.* Elle se suffit à elle-même.

« Comprends bien ceci ; c'est que le vrai moyen d'obtenir un résultat utile, pratique, c'est de ne pas se soucier de la pratique, mais d'intensifier la recherche même sans s'empêtrer dans des considérations parasites autres que la facilité plus grande de la recherche.

« Tu as devant toi un objet unique, un but qu'il faut atteindre, une vérité qu'il faut connaître. Lors, prends le meilleur chemin pour y arriver, même si tu dois être blâmé ou ignoré par les médecins, par les ingénieurs, par les industriels. »

Où en serions-nous si Galvani, au lieu de toucher les pattes de ses grenouilles avec du fer et du cuivre, avait voulu construire un téléphone ? Soubeiran, en découvrant le forméne trichloré, qu'il appela chloroforme, n'a pas du tout cherché un anesthésique, pas plus que Röntgen ne cherchait à faciliter les opérations chirurgicales.

Je comparerais volontiers notre ignorance à l'impuissance d'un homme qui est devant un énorme bloc de métal, dur, résistant, presque inattaquable. Cependant il sait que dans ce bloc il y a des trésors qu'il s'agit de mettre au jour. Il sait que ces trésors sont là, et qu'ils vont lui être utiles, pour guérir des malades, ou pour se transporter rapidement à la surface de sa planète, ou pour améliorer les conditions matérielles de l'humaine existence. Mais avant tout il faut qu'il réussisse à entamer le bloc énorme, à faire une ouverture dans cette masse résistante. Cet homme serait donc parfaitement absurde, si, au lieu d'attaquer le métal par les moyens qui lui paraîtront le plus efficaces, il se laissait gêner par d'autres soucis, et se demandait : « Vais-je guérir une maladie ? vais-je franchir plus rapidement les espaces ? vais-je accroître le bien-être de mes semblables ? » Non ! et non ! Il n'arrivera à ces heureuses conséquences d'une vérité conquise que si pour conquérir la vérité il n'a pas songé aux conséquences. Et la vérité ne pourra être atteinte que s'il a pris la voie la plus facile.

Loin de moi, d'ailleurs, l'idée folle de nier qu'il y ait une science industrielle et que la recherche des meilleurs procédés techniques pour rendements fructueux soit chose négligeable. Mais nous sommes ici à la limite de la science et de la pratique. Quand le métallurgiste cherche à savoir les meilleures proportions de fer ou de silicium qui conviennent à un acier, il emploie des méthodes précises, délicates, essentiellement scientifiques, pour résoudre cet important problème, mais ce n'est plus de la science pure ; c'est de la science appliquée ; car alors il ne s'agit pas seulement de *savoir*, il s'agit surtout d'obtenir dans des conditions industrielles et économiques un acier très résistant. Or l'économie n'a rien à faire avec la science. P. Curie, préparant et découvrant le radium, ne s'est pas arrêté dans sa recherche, sous prétexte que le prix du radium atteindrait des hauteurs invraisemblables.

Autrement dit, l'intérêt d'une recherche n'est pas dans son application pratique. Celle-ci viendra toujours, tôt ou tard, à son heure, car des milliers de spéculateurs vont s'abattre sur elle. L'intérêt immense, indéfini, d'une investigation scientifique est dans l'imprévu qu'elle va peut-être apporter, et surtout dans l'étendue des nombreux horizons qu'elle va découvrir.

Malheureusement — ou heureusement peut-être — jamais notre perspicacité ne peut prévoir la grandeur des résultats obtenus. Ni Thalès, ni Ampère, ni Galvani, ni Volta, ne soupçonnaient que la grande et peut-être l'unique force du monde matériel, c'était l'atome électrique, et c'est précisément parce qu'ils sont restés dans le domaine de la science pure qu'ils ont été les grands fournisseurs de toute l'industrie humaine.

La plus lourde difficulté, dans une recherche scientifique qui se prolonge, c'est de savoir jusqu'à quelles limites il faut pousser la persévérance en cette recherche. Au bout de combien de temps faut-il se décourager ? Car enfin, pendant des semaines, des mois, on n'a obtenu que des résultats contradictoires. A mesure qu'on en avait précisé la technique, celle-ci devenait plus ardue, et les incertitudes allaient croissant. On sent pourtant qu'on tient une idée féconde, qui se vérifiera probablement, si l'on continue. Mais faut-il continuer ? Le labeur sera peut-être stérile. Comment le savoir ? Et, d'autre part, faire halte, échouer au port, c'est dur. Qui sait si un autre savant, doué d'une ténacité supérieure, ne va pas résoudre ce beau problème, et par conséquent rendre infructueux tout notre long effort?

D'abord le problème est-il soluble ?

Après tout, rien ne prouve qu'il puisse être résolu ni maintenant ni plus tard. A la dernière page des journaux illustrés, il y a des problèmes d'échecs qu'on propose à la sagacité des abonnés. Ils sont certains, ces abonnés, qu'il y a une solution. Ils auraient donc tort de se décourager ; ils peuvent continuer, car avec du talent et de l'application, ils sont sûrs de trouver. Mais, pour les choses de la Nature, il n'en va pas de même. Rien ne nous permet d'affirmer que l'homme pourra expliquer tel ou tel phénomène. Peut-être ces faits resteront-ils toujours impénétrables dans leur cause. Par conséquent, n'est-il pas plus sage de ne pas s'entêter ?

Quel conseil donner ? Quel parti prendre ? Hé bien ! Il n'y a en pareil cas ni règles, ni préceptes, ni principes. Savoir quand il faut persévérer, savoir quand il faut s'arrêter, c'est le don du talent, et presque du génie.

Si les jeunes hommes veulent suivre la conduite qui convient, ils n'ont qu'à étudier dans leur enfantement les découvertes faites par les maîtres, et à analyser par quelles déductions précises, par quelles inductions audacieuses, s'est édifiée l'admirable construction de la science contemporaine.

Ensuite qu'ils s'abandonnent à leur inspiration. Mais que leur inspiration soit précédée par une longue réflexion.

Après tout, je crois bien qu'en général on pêche plutôt par défaut que par excès de persévérance.

CHAPITRE XIII

CONCLUSION

CE QU'IL FAUDRAIT FAIRE POUR LES SAVANTS

ME voici arrivé à la partie la plus importante, peut-être même la seule importante, de ce petit ouvrage.

Ce sera la conclusion formelle, pressante, irréfutable, conclusion que j'émets avec une conviction ardente, et dans laquelle je mettrai tout ce que mon vieux cœur peut contenir de passion :

Le bonheur des hommes dépend des progrès de la civilisation.

Pendant longtemps, j'ai cru que cette proposition était une banalité, un truisme qu'il est honteux de développer, tant il est évident. Mais non ! ce n'est pas du tout une évidence ; car on peut soutenir que la civilisation apporte à notre vie des éléments de malheur si lourds que toute la sérénité de la vie humaine normale en sera peut-être à jamais troublée.

J.-J. Rousseau a dit que la civilisation rendait l'homme méchant. Certains pessimistes prétendent qu'elle le rend malheureux.

Or, si l'on dispute là-dessus, c'est qu'on ne s'entend pas sur le mot de civilisation.

Est-ce le développement des monstrueuses agglomérations militaires, scientifiquement organisées pour le pillage et le massacre, et dans lesquelles s'enfournent des nations entières ? Est-ce le machinisme avec ses usines gigantesques, ses tanières où des milliers d'ouvriers mineurs, forgerons, tisseurs, accomplissent sans relâche le même travail, inintelligent et ardu ? Est-ce le luxe désordonné des grandes villes, où la débauche s'étale, provocante, cynique, insultant les pauvres par son éclat ? Est-ce l'extension des grands établissements bancaires, de cette néfaste internationale financière, cette ploutocratie avide, tyrannique, toute-puissante, qui écrase les modestes existences?

Certes, parfois la civilisation entraîne ces exécrables conséquences. Comme tout ce qui est humain, elle peut faire du mal et du bien. Je sais tout le mal qu'elle fait ; mais je sais aussi que, si elle fait du mal, elle fait du bien plus encore.

Qu'est-ce donc que la civilisation ? Je ne vais pas dire, comme je ne sais quel humoriste, qu'elle se mesure aux quantités de savon et de timbres-poste employées par habitant. Cette définition pittoresque semble insuffisante, et je résumerais plutôt ce qui me paraît être le principal élément de la civilisation en disant que c'est la *connaissance*.

Pour être un civilisé, il faut connaître quelque chose aux forces qui nous entourent. On est d'autant plus civilisé, qu'on les connaît mieux. Un sauvage n'a rien compris à l'univers ; et nous, nous en avons compris un peu davantage, très peu cependant. Savoir que la variole est une maladie microbienne, et non la méchanceté d'un Ange exterminateur, c'est de la civilisation. Comprendre qu'une éclipse de lune est due à l'interception des rayons solaires par le globe terrestre, et non à un dragon qui la dévore, c'est sortir un peu de la barbarie; dire que l'air est pesant, et constitué par le mélange de deux gaz différents, c'est un premier degré de progrès intellectuel.

En effet, le plus souvent, la connaissance des choses implique quelque possible utilisation de ces choses, quelque adaptation à nos besoins. Si l'on sait que la variole est due à un microbe, et qu'elle ne peut plus infecter notre organisme quand notre organisme a été préservé par un autre microbe, c'est de la civilisation. D'abord parce que c'est un fragment de la connaissance des choses, ensuite parce que, nous appuyant sur cette connaissance même, nous pouvons prévenir la variole et par conséquent dissiper quelques misères cruelles.

Faisons une hypothèse très simple. Admettons qu'aujourd'hui, en 1923, nous connaissions tous les secrets que les hommes connaîtront en l'an 2023, dans un siècle, n'est-il pas évident que nous serions plus civilisés que nous ne le sommes. De même les hommes de 1923 sont plus civilisés que ne furent les contemporains de Vinci ; de même les contemporains de Léonard étaient plus civilisés que les soldats d'Agamemnon.

A vrai dire, civilisation ne signifie pas tout à fait bonheur ; en effet, il se trouve qu'au lieu de profiter du croît de leurs connaissances, souvent les hommes ont mal employé les ressources que leur a apportées un labeur scientifique prolongé. Si les avions devaient servir uniquement à bombarder les villes, l'aviation serait une funeste découverte. Si les progrès de la chimie consistaient à produire des gaz nocifs, aptes à détruire en quelques minutes un régiment, la chimie serait une science maudite. Donc la civilisation, dans le sens légitime de ce mot, c'est-à-dire une plus grande somme de bonheur à nos vies humaines, ne consiste pas uniquement dans la connaissance des choses, et même en leur emploi utilitaire. Il faut quelque chose de plus. C'est, si l'on veut, encore qu'on ait abusé de ce mot, une sorte *d'ordre moral,* la notion de solidarité, et de fraternité humaines ; le respect du droit.

Ainsi notre proposition : le *bonheur des hommes dépend des progrès de la connaissance,* est absolument vraie, mais à la condition qu'on ajoute ce correctif essentiel, *que le bonheur des hommes ne dépend pas uniquement des progrès de la connaissance.*

Sans la connaissance des choses, il n'y a pas civilisation ; il n'y a pas de bien-être ; c'est la vie sauvage dans toute sa brutalité qui s'épanouit. Mais la connaissance ne suffit pas, il faut que le développement intellectuel s'emploie au bien et non au mal.

Autrement dit, la science est au bonheur humain une condition *nécessaire, mais non suffisante.*

Comprendre quelque chose, si peu que ce soit, à l'univers, c'est indispensable au plus grand bonheur, ou au moindre malheur, des hommes. A peine est-il décent de défendre cette banalité. Les amateurs de paradoxe peuvent prétendre que l'humanité était plus heureuse aux temps des Croisades, parce que la foi chrétienne était absolue ; ou aux temps de Louis XIV, parce qu'on considérait les Roys comme des êtres divins. Mais si ces amateurs étaient forcés de se loger, se nourrir, se vêtir, et voyager comme aux temps de Bernard l'Ermite ou de Louis XIV, ces infortunés amateurs gémiraient, s'indigneraient. Si nous sommes moins malheureux que nos pères, c'est parce que la science a fait des progrès. Tout progrès de la science est un progrès de civilisation, et par conséquent contribue au bonheur des hommes.

La science marche en avant avec une rapidité déconcertante, et cependant elle est bien jeune encore. Thalès et Archimède, malgré tout leur génie, ne savaient rien de ce qu'on enseigne aujourd'hui à l'École primaire. Le plus ignorant des bacheliers sait quantité de choses que Galilée ignorait totalement. De Franklin à Einstein, il n'y a pas tout à fait 150 ans, et en 150 ans, quels pas de géant ! Quelles transformations de tous les concepts ! Il n'y avait ni paléontologie, ni bactériologie, ni photographie, ni aviation, ni voies ferrées, ni analyse spectrale. L'époque scientifique de l'humanité n'a guère plus de 150 ans. 150 ans, quatre générations humaines ! ce n'est rien.

La course se précipite. Nous allons vers la connaissance des choses en progression géométrique, et non arithmétique. Nous pouvons donc admettre que l'homme exercera quelque jour, grâce à la richesse croissante des acquisitions scientifiques, une domination souveraine sur la matière, brute ou vivante, hostile ou favorable, qui l'entoure.

Mais la science donne plus que cette joie suprême intellectuelle de connaître. Elle apporte l'*imprévu*, l'*inattendu* ; la révélation de quelques-uns de ces phénomènes merveilleux qui frémissent autour de nous, et que nous ne savons pas voir. Notre débile intelligence ne peut pas pénétrer les vérités incluses dans les choses. Elle est incapable d'imaginer même un fragment de ce que la science va lui dévoiler un jour. Qui aurait pu, il y a cinquante ans, prévoir le téléphone, la télégraphie sans fils, l'aviation, la vaccination, les sérothérapies, les synthèses chimiques ? Et nous ne sommes qu'au début. Nos petits-enfants verront de bien belles choses qu'il nous est impossible de pressentir.

Négliger la science, c'est nous fermer aux grands espoirs, c'est nous condamner à vivre la même monotone existence.

Je voudrais bien faire passer dans l'esprit de ceux qui me liront cette conviction profonde que la science transformera de fond en comble l'état de l'humanité. Mais hélas ! les pauvres hommes sont impuissants à s'imaginer autre chose que ce qui est. Nous sommes tous plus ou moins rivés au présent, incapables de supposer que tout sera changé, et que l'état présent ne sera pas éternel.

Même si nous ne tenons pas compte de ces sublimes et grandioses espérances, nous pouvons d'ores et déjà être assurés que par la science maintes misères, et spécialement les plus cruelles, c'est-à-dire les maladies, fléaux de toute existence, seront efficacement combattues, et dominées, supprimées peut-être. Si les hommes, ces hommes stupides et aveugles, avaient consacré à la science la dixième, et même la centième, et même la millième partie, des forces intellectuelles et matérielles qu'ils ont abîmées dans le gouffre de la guerre, le monde serait tout autre que le monde brutal et féroce où nous vivons. Les sociétés humaines différeraient de nos sociétés actuelles, autant que la mentalité d'un professeur de Cambridge diffère de la mentalité d'un Papou ou d'un Hottentot.

A vrai dire, supposer cette sagesse, c'est absurde ! Laissons donc l'homme se donner la grande joie, savoureuse et ancestrale, des orgies militaires, des batailles, des massacres, des torpillages, des pillages. Puisque tel est son plaisir, nous ne devons pas songer à l'en priver. Tout de même, il serait possible de faire en même temps une petite place à la science, et c'est ce qu'il ne fait pas.

L'aberration et la bêtise sont tellement vastes chez les hommes qu'ils agissent comme s'ils ignoraient absolument le rôle fécondant de la science. Ils n'osent pas prétendre que la science ne sert à rien. Ils ne vont pas jusque-là. Mais c'est tout comme s'ils proclamaient cette ineptie; car ils relèguent les choses de la science au dernier rang.

Or c'est dédaigner, mépriser, méconnaître la science que de ne pas faire aux savants la place qu'ils devraient occuper dans la patrie, dans l'État, dans la société.

Car enfin on ne peut pas séparer la science et les savants. La science ne se développe pas toute seule. Elle garde jalousement ses secrets. Il faut lui faire longtemps violence pour en découvrir un seul, si petit qu'il soit. Quelle patience est nécessaire! quelle obstination ! quelle intelligence ! quel génie même ! S'il n'y avait pas de savants dans le monde, si le démon de la recherche n'envahissait pas les âmes de quelques jeunes hommes, nos sociétés européennes se fossiliseraient dans le négoce et la guerre. Il y aurait des soldats et des officiers, des banquiers et des employés, des laboureurs, des mineurs, des ingénieurs, des médecins, des épiciers, des blanchisseurs, des matelots; mais tous continueraient, imperturbables, la même route. Nulle innovation, nul progrès. Les médecins répéteraient les mêmes ordonnances. Les ingénieurs construiraient les mêmes ponts. Les épiciers vendraient les mêmes denrées. Les soldats s'entretueraient avec les mêmes armes.

Ou plutôt la décadence viendrait vite, car une société qui ne progresse pas est fatalement condamnée à une régression rapide.

Et me voici conduit à une seconde proposition, tout

aussi évidente que la première. Ni plus, ni moins :

Les progrès de la science dépendent des savants.

Et c'est encore un truisme, encore une banalité. Que m'importe ? Il ne s'agit pas d'un paradoxe à soutenir, mais d'une vérité éclatante, lumineuse par elle-même, mais si cruellement méconnue qu'il faut la mettre en plus grande lumière, si possible.

Pour que le savant puisse faire œuvre de science, il faut d'abord qu'il puisse vivre. On ne peut pas demander à des hommes, si désintéressés qu'on les suppose, de prendre un métier qui les condamne à la faim. Or, actuellement le métier de savant ne fait pas vivre. Nulle part, sinon peut-être en Amérique, grâce à de généreux et intelligents milliardaires, nos sociétés, soi-disant civilisées, n'ont attribué des émoluments même médiocres aux hommes, jeunes ou vieux, qui se livrent à la recherche scientifique pure et agrandissent la civilisation.

Certes, dans les laboratoires des Facultés, des Écoles, des Instituts de chimie, de bactériologie, de botanique, il y a des directeurs appointés, qui sont des savants éminents. Mais ces savants sont payés comme professeurs, et non comme savants. Ils pourraient parfaitement s'abstenir de toute recherche personnelle. Pourvu qu'ils fassent leur cours régulièrement, ils ne méritent nul reproche. Je pourrais citer tel professeur distingué et zélé qui n'a rien produit d'original. C'était son droit. Il était chargé d'enseigner les découvertes anciennes et non de faire des découvertes nouvelles.

Or l'enseignement, si utile, si nécessaire qu'il soit, n'est pas du tout la science. Il est indispensable qu'on apprenne aux jeunes gens comment se mesure la vitesse de la lumière, par quelles combinaisons le carbone s'unit à l'azote, comment l'excitation du nerf pneumogastrique ralentit le cœur. Mais ce n'est pas par des leçons même parfaites sur la vitesse de la lumière, la composition du cyanogène et l'excitation du pneumogastrique que seront découvertes des vérités nouvelles, imprévues. On piétine sur place à enseigner en 1923, correctement et même éloquemment, ce qu'on enseignait déjà en 1920, en 1910, en 1900. Il faut aller en avant, car les découvertes à faire sont énormément plus importantes que les découvertes déjà faites.

Or, si nous voulons qu'il y ait progrès, il faut donner aux savants des moyens de travail. Non seulement il faut leur assurer des laboratoires pourvus de tous les appareils indispensables ; mais il faut surtout leur assurer, par des traitements convenables, les moyens de vivre. Il faut aussi leur donner des auxiliaires largement rémunérés. En un mot, il faut créer des instituts scientifiques indépendants, autonomes, dont la seule fonction sera la recherche désintéressée du vrai.

Les ingénieurs, les médecins, les avocats, les professeurs, les pharmaciens, les officiers, les banquiers ont des professions qui leur permettent de vivre. Mais, si instruits qu'ils soient, ils ne sont pas des savants, car le métier absorbe la meilleure part de leur temps. Ils

ne peuvent donc faire œuvre de science que par surcroît, à leurs moments perdus.

Or la science demande des sacrifices plus grands.
Elle n'admet pas le partage. Elle exige que certains
hommes lui consacrent toute leur existence, toute leur
intelligence, tout leur labeur.

Donc, de par l'incertitude inhérente à toute recherche, de par l'inaptitude de cette recherche à enrichir,
les savants ne peuvent poursuivre leurs travaux que
si on leur donne au moins le vivre et le couvert, avec
des instruments de travail suffisants.

Est-ce donc une proposition extraordinaire, uto-
pique, invraisemblable, que d'instituer un corps de
savants ayant pour unique mission de travailler ?

Si cette réforme paraît trop dure à notre timidité
routinière et veule, au moins qu'on dispense du professorat certains professeurs, en les maintenant dans
leurs laboratoires.

Il ne s'agit pas de supprimer les cours et les leçons.
Ce serait une folie, presque un crime. Il s'agit seulement de créer, à côté des chaires magistrales, des instituts de recherche ne conférant pas de grades, ne con-
naissant ni les conférences, ni les leçons, ni les cours,
ni les diplômes. Les savants qui, avec leurs aides préparateurs, dirigeraient ces laboratoires, n'auraient pas
d'autre fonction que la recherche même.

Si cette réforme prodigieusement facile était résolue,
on n'engagerait pas une bien lourde dépense. En tout
cas, ce serait une dépense très profitable. C'est par la

science appliquée à l'industrie que les nations deviennent prospères ; car la science leur apporte non seulement la gloire, mais encore la richesse.

Donc la nation doit faire vivre les savants, sous peine de s'éteindre dans la médiocrité.

Assurément, il se trouvera toujours des savants. Le génie inventif ne disparaîtra pas. Les grandes découvertes ont apparu dans des laboratoires misérables, dans des taudis mesquins dépourvus de tout. Pasteur, Würtz, Berthelot, Claude Bernard, ne disposaient que de bien pauvres ressources, et cependant ils ont conquis le monde. La richesse d'un laboratoire n'a pas pour conséquence nécessaire la production d'une découverte. Il faut le labeur, la persévérance, le génie de l'homme qui y travaille.

Or, nous ne pouvons faire éclore le génie. Au moins, pouvons-nous, et devons-nous, donner à l'élite de nos jeunes gens l'occasion de se rendre illustres, s'ils ont l'étincelle divine des créateurs.

C'est en eux que je mets toute mon espérance.

Et je ne cesserai de répéter, avec toute l'énergie d'une conviction profonde que la réflexion a développée :

L'avenir et le bonheur de l'humanité dépendent
de la science.

Tant pis pour nos sociétés humaines si elles n'ont pas compris cette vérité évidente.

TABLE DES MATIÈRES

IMPRIMERIE CRÉTÉ
CORBEIL (S.-ET-O.).